生态风尚·灯具设计

Eco. Style in Lighting Design

度本图书（Dopress Books） 编译

中国建筑工业出版社

Eco. Style in Lighting Design

生态风尚 · 灯具设计

编委会

（排名不分先后）

Eco. Style in Lighting Design
生态风尚·灯具设计

编者说明

生态设计在西方发达国家一直备受推崇，人们希望自己的家园不仅美观，更要绿色、环保。近年来，这一理念不仅风靡西方世界，更开始在发展中国家逐渐传播开来。越来越多的人包括专业领域的设计师都开始潜心研究生态设计。毫无疑问，生态经济与可持续发展经济已成为当今时代最炙手可热的话题之一。

本套书分为两册：《生态风尚·家具设计》和《生态风尚·灯具设计》，旨在展示来自全球各地领先设计团队的最新生态设计作品，以最新的设计趋势来引领更多的人，尤其是专业设计师，在增强环保意识的同时，将其融入到自己的设计思路和创作理念中。书中精选的作品以多种形式、材料、技术设计而成，其中各个产品的尺寸和所应用的材料，以及蕴涵其中的生态理念、高新技术等都有详细介绍。

这套图书让我们相信，好的设计并不一定需要投入更多的人力、物力和财力。恰恰相反，通过设计者的聪明才智和巧妙创意，完全可以打造出既美观又实用的作品，甚至一般人认为毫无用处的垃圾、淘汰旧物也可以在环保设计师的手中轻松地变废为宝。

这本《生态风尚·灯具设计》主要介绍了灯具设计中采用回收利用的废旧材料、天然环保材料和高新技术材料与各种工艺的设计手法。这些作品的设计者中也不乏孟繁名、米凯拉·简塞·凡·乌伦（Michaella Janse van Vuuren）、吉奥纳塔·伽托（Gionata Gatto）、坦娅·克拉克（Tanya Clarke）、Kozo 灯具工作室等新生代的设计黑马和艾娃·门兹（Eva Menz）、安东尼·迪肯斯（Anthony Dickens）、丹·罗斯加德（Daan Roosegaarde）、德罗尔·本舍齐特（Dror Benshetrit）、DING3000 工作室、Raw-Edges 工作室等设计界享誉已久的名家及设计团队，相信在这里你可以有不一样的收获。

丛书的作品来自全球众多设计师，其名录及相关信息详见各分册最后的"设计师名录"。

回收与再利用

天然材料

技术与工艺

其他

设计师名录

Eco. Style in Lighting Design

作为废物处理层次——"减排，再利用，再循环"的关键组成，再循环包含材料和旧物品在新产品和艺术品生产工序中的使用。这些产品能够通过创造性的理念和技术，减少新自然材料的消耗和能量的使用。此外，旧物品的再利用意味着制作新材料时能量的消耗会变得更少，并且能够实现新的自然审美特质。

20 世纪初，立体派艺术家帕布罗·毕加索 (1881 ~ 1973) 和乔治·布拉克使用报纸、包装和其他能够找到的材料创作出了拼贴画。他们所使用的材料特别，因此获得了极高的评价和赞扬。可再生就是此时开始应用到艺术或者设计中的。事实上，相似的理念可以被应用到家具设计、家居装修和任何公共区域。

本书中选择的灯具设计采用了不同种类的再循环材料和废弃材料，经过再利用后创作出了这些了不起的作品，包括使用过的可乐瓶、缆绳、纸质鸡蛋盒、聚丙烯塑料袋、旧洗衣机滚筒等。

回收与再利用

Recycling & Reuse

in Lighting Design

008-051

项目：自行车轮反射镜枝形吊灯

设计师：尼克·赛耶斯（Nick Sayers）
摄影：尼克·赛耶斯
客户：尼克·赛耶斯网站（Nicksayers.com）

透明反光枝形吊灯由60面废弃的自行车轮反射镜制成。一款奢侈的"玻璃"枝形吊灯从废品中诞生了。

规格：330（直径）[1]；
材料：60面再利用猫眼聚碳酸酯自行车轮反射镜，120条白色尼龙缆绳。

---

① 本书规格尺寸单位统一为毫米（mm），全书下同。

规格: 480（直径）；
直径: 58个使用过的手工切割塑料可乐瓶，嵌插在一起。

项目：塑料可乐瓶灯罩

设计师: 尼克·赛耶斯
摄影: 尼克·赛耶斯
客户: 尼克·赛耶斯网站

这款灯罩由 58 个使用过的可乐瓶制成，经过手工切割后嵌插在一起，没有使用胶水。

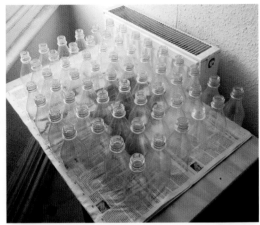

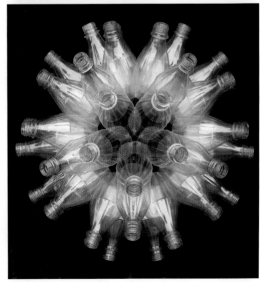

项目：织扎带灯罩

设计师：尼克·赛耶斯
摄影：尼克·赛耶斯
客户：尼克·赛耶斯网站

这款球状灯罩是使用 526 条扎带手工编织成的，没有内部框架。
标准节能灯泡安装在扎带顶端形成的簇状中心的空洞处。

规格：600（直径）；
材料：526条白色尼龙扎带，打成结连接在一起。

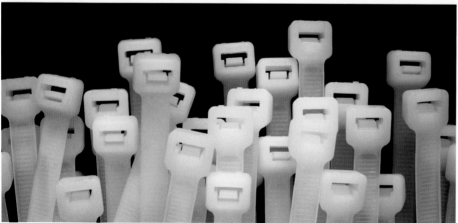

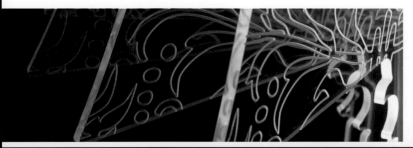

项目：玛丽-路易斯，特雷泽，约瑟芬

设计师：桑德·穆尔德（Sander Mulder）
摄影：尼尔斯·范·维恩（Niels van Veen），桑德·穆尔德

这款落地灯由 16 条透明线路制成，由可调光的荧光灯的灯泡照明，是传统环境灯的现代重生。特殊材料和精准计算机数控碾磨技术的使用，使包括遮罩部分在内的灯具整体散发出魔幻般的光线。这款高雅的设计是一系列独特照明装置的一部分，在任何室内设计中都能迅速抓住人们的眼球。

规格：380（直径）× 600（高）；
材料：丙烯酸塑料，聚碳酸酯。

规格: 1280(直径)× 1100(高)。

规格：225 – 345〔直径〕× 440 – 1670〔高〕，取决于灯〔桌子，地板或是垂饰〕的类型；
材料：亚克力，树脂。

项目：尼奥3

设计师：斯维特拉娜·克泽诺娃
（Svetlana kozhenova）
生产商：西马内克·尼科罗工作室（Studio Šimánek Nicro）
摄影：丹·弗里德伦德（Dan Friedlaender）

该设计的理念基于后现代主义对于现代可持续设计的态度。

明亮的灯罩是由回收的旧无线局域网的无线电路板制成的，具有较好的耐热性、高强度和适宜的透明度。电路板上的铜图案是技术设计成品，电路板形状取决于触头的使用频率和生产商。

由于电路板上原有几百种设计图案，灯罩的设计也就没有了界限。"尼奥立体派"、"尼奥·隆多立体派"和"尼奥现代主义"灯具系列类似于捷克立体主义、隆多立体主义和艺术新生派等艺术风格。

电路板制成的灯罩产品是革新性的多学科工艺产物。包括研究无线网技术、设计，收集废弃材料，把电路板切割成适当的形状，弯曲并连接在一起。随着独特的电路板被安装在一起，出人意料的功能性艺术品就此诞生。

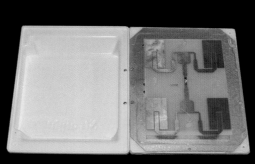

规格：225~345（直径）× 440~1670（高），取决于灯（桌子，地板或是垂饰）的类型；
材料：再循环多氯联苯触头，拉绒不锈钢，卤素电灯泡。

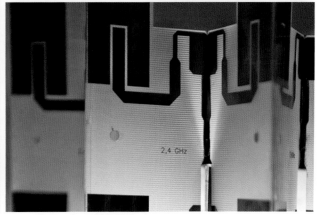

项目：捣毁我

设计公司：维克特·费特莱因办公室（The office of Victor Vetterlein）

设计师：维克特·费特莱因（Victor Vetterlein）

摄影：维克特·费特莱因

"捣毁我"灯具作品的设计意图是创造出诞生于垃圾，经过短暂但实用的生命循环后回归垃圾的作品。该灯具的概念词是"短暂"。

每款灯具使用的材料都是 4 个纸质鸡蛋箱子，用水混合，注入模具，手工平整后形成零件。经过几天材料干燥以后，用铝制螺丝钉将这些零件固定在一起。布灯芯绒和电气固定件用于照明。填充了再循环木材的纸袋为"捣毁我"台灯增加了底部的重量，使整体更为稳固。

在使用寿命将尽的时候，这款灯具可以快速拆卸。再利用和再循环部分可以用来继续创作新的作品。

规格：356（长）× 356（宽）× 406（高）；
材料：纸浆、铝、铸铁。

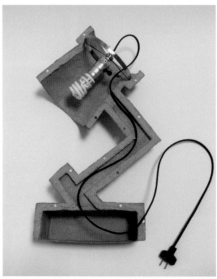

规格：254（长）× 165（宽）× 524（高）；
材料：纸浆、铝、铸铁、工厂的废弃木材。

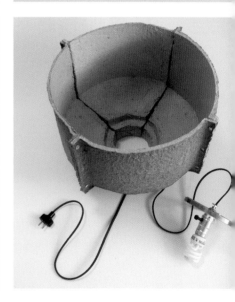

材料：皮革，铝。

300

600

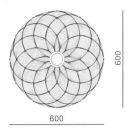

600

600

项目：螺丝钳

设计公司：恩里科·扎诺拉设计工作室（Enrico Zanolla Design Studio）
设计师：恩里科·扎诺拉（Enrico Zanolla）
摄影：恩里科·扎诺拉

这款吊灯使用了来自切斯特菲尔德沙发图案的灵感，并将其应用到了吊灯的外表面上。光滑的内部与优雅紧扣的外部形成鲜明对比，是具有魅力和经典风格的现代化室内设计空间的理想选择。吊灯使用了两个铝制半球体（100% 再循环）和自然皮革（并不是塑料的人工制品，因此能够快速在环境中分解）。卤素灯泡的使用既节能，又能够提高效率和增加使用寿命。

项目：连接系列

设计公司: 法卡罗（FACARO）
设计师: 卡罗莱纳·丰托拉·阿尔萨加（Carolina
       Fontoura Alzaga）
摄影: 阿兰·J·克罗斯利（Alan J. Crossley）

"连接系列"是多样性和功能性的雕塑组成的传统枝形
吊灯。使用的材料是回收的废旧自行车零件。启发该设
计的灵感元素包括维多利亚的审美风格、现代枝形吊灯、
自己动手、朋克和自行车文化。设计中使用了传统样式
和现代艺术材料。这一系列作品提倡垃圾分类、加强环
保和生态责任。

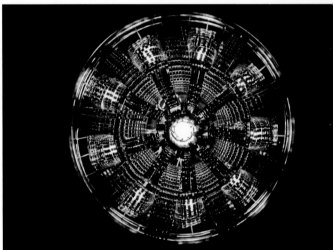

规格: 571.5（直径）×863.6（高）；
材料: 使用过的自行车零件（车轮，链条，链盒，自由轮），灯具固定装置，照明硬件。

项目：云

设计公司：马克斯和乔迪有限公司
（Margues' Jordy Ltd.）
设计师：于·乔迪·福（Yu Jordy Fu）
摄影：伦敦艺术有限公司（Arts Co
London）
客户：伦敦彭博（London Bloomberg）

"云"是使用来自彭博办公室的再循环计算机缆绳和 LED 灯具手工制成的。该作品使用了 2000 米长的伦敦彭博办公室的废弃计算机缆绳，完成的灯具看起来像一朵漂浮的云团。

规格：13000（长）× 5000（宽）× 2500（高）；
材料：废弃计算机缆绳。

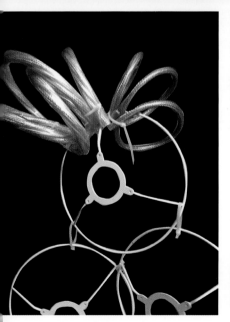

项目：配音模块

设计公司：史蒂文·豪伦比克设计概念公司（Steven Hanlenbeek Design Concepts Inc.）
设计师：史蒂文·豪伦比克（Steven Hanlenbeek）
摄影：安吉·韦斯特（Angie West）
客户：史蒂文·豪伦比克设计概念公司

这款灯具的设计目的是解构与重建。这款灯具可以根据使用者的要求反复调整，从而创作出新的有趣的灯具设计。包括热成型片和固定用的扣件在内，所有零件使用的都是同一种材料——聚丙烯。也就是说当使用者认为零件到了使用寿命的时候，可以直接将它更换掉，进行解构和再循环。

插口是标准中型螺旋底盘插口，可以配备白炽灯泡、紧凑型荧光灯或更换 LED 光源。

2009 年芝加哥设计领域举办的现代设计功能竞赛中，这款灯具的设计赢得了四项大奖中的两项，被授予"最佳表现奖"和"绿色设计奖"。

规格：1040（长）× 1040（宽）× 305（高）；
材料：聚丙烯。

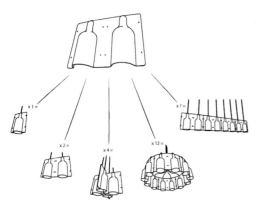

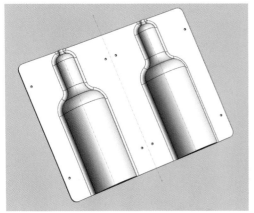

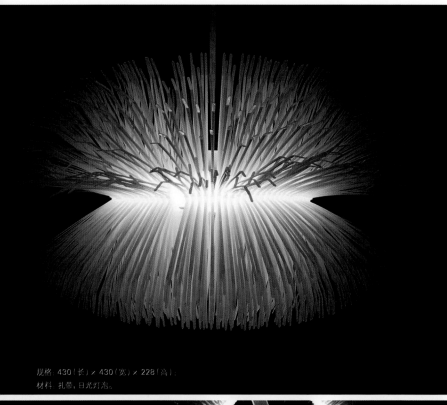

规格: 430 (长) × 430 (宽) × 228 (高);
材料: 扎带, 日光灯泡。

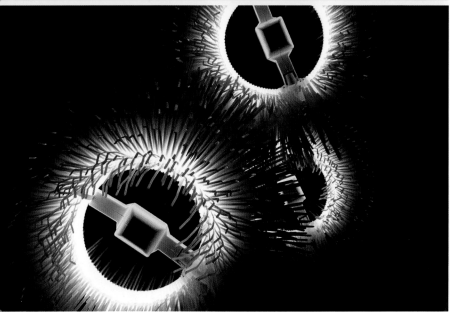

项目: 扎带照明套装

设计公司: 史蒂文·豪伦比克设计概念公司 (Steven Hanlenbeek Design Concepts Inc.)
设计师: 史蒂文·豪伦比克 (Steven Hanlenbeek)
摄影: 史蒂文·豪伦比克
客户: 史蒂文·豪伦比克设计概念公司

"扎带照明套装"是工艺定制化以及客户参与创意的概念化成果。设计师的创意是,业主的时间和努力能够有效减少购买优质家居装饰方面的开销。通过购买一些物美价廉的插图指导手册(到处都能找到)并自己创作设计作品。如此一来,每件作品都会略有不同,个人价值和对于灯饰的评价也都获得了提升。同时,产品的供应和需求形成平衡。

项目：伊尔汗姆，拉扎拉和纳贾

设计师：安妮-塞西尔·拉帕（Anne-Cécile Rappa）

摄影：安妮-塞西尔·拉帕

该灯具设计采用了回收利用的聚丙烯塑料袋，是设计师在瑞士洛桑艺术与设计大学的毕业作品。收集好塑料袋后，由摩洛哥柏柏尔女性团体负责缝纫编织。

灯的结构部分同样是再循环材料，灯罩使用的是水桶、垃圾罐和碗。缆绳的缠绕能够增加灯具的高度。

规格：250（直径）× 400（高）；

材料：聚丙烯。

规格：300（直径）× 1400（高）；

材料：聚丙烯。

规格: 400 (直径) × 1100 (高);
材料: 聚丙烯。

项目：人字拖的故事

设计公司：施内曼工作室（Studio Schneemann）
设计师：迪德雷克·施内曼（Diederik Schneemann）

"人字拖的故事"作品使用的材料是亚洲或非洲那些丢弃的人字拖。这些人字拖经常在有钉子或河流的地方毁坏，有时在海边。经过水流的"搬运"，最后被冲刷到了东非海岸（每年约 30000 千克，大多是蓝色和粉色）。

具有创新精神的独特生态公司（Uniqueco），雇用了 300 名当地的肯尼亚人，从海滩上收集这些人字拖。这样不仅保持了肯尼亚海滩的洁净，还为当地人创造了就业机会。施内曼工作室与独特生态公司合作，将这些污染的人字拖创造成持续性的设计作品，使它们重获新生。

规格：KG废品灯，370（长）×370（宽）×430（高）；花瓶，530（长）×430（宽）×800（高）；
材料：再循环入字拖（乙烯-醋酸乙烯酯共聚物橡胶）。

项目：云中漫步，液态冬季

设计公司: 马克斯和乔迪有限公司 (Marques' Jordy Ltd.)
设计师: 于·乔迪·福 (Yu Jordy Fu)
摄影: 马克斯和乔迪有限公司
客户: 伦敦设计博物馆 (London Design Museum)

"云中漫步"和"液态冬季"都是使用再循环纸张和 LED 灯手工制成的。云中漫步是一款 13 米长的造型独特的白色吊灯，在英国伦敦 100% 设计展中展出。"云中漫步"设计的灵感来自伦敦这座城市，颂扬了人们与现存的、建议的以及想象中的伦敦之间的空间关系。

"液态冬季"是伦敦设计博物馆的委托作品，表现了自然与人造世界之间的相互影响。原料使用了一系列轻质"涟漪"模块，灵感来自设计博物馆的内部和周围景观。

规格: 13000 (长) × 7000 (宽) × 3000 (高);
材料: 再循环纸张。

规格: 7000 (长) × 5000 (宽) × 6500 (高);
材料: 再循环纸张。

规格: 250 (直径) × 400 (高);
材料: 再循环纸张。

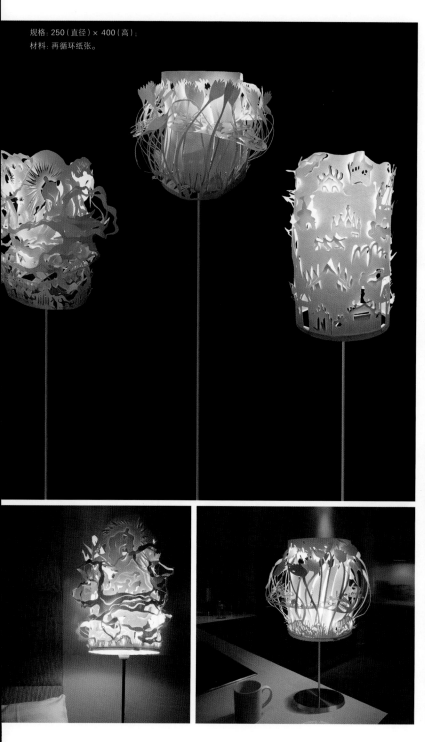

项目：云灯

设计公司: 马克斯和乔迪有限公司
设计师: 于·乔迪·福
摄影: 马克斯和乔迪有限公司

云灯使用再循环纸纸张手工制成。公元 201 年，中国人发明了纸，一种具有复杂品质的非凡材料。数百年来，我们用纸书写、印刷，交流我们的见解、梦想和愿望。剪纸是一种独特的艺术形式，中国女性用这种优美复杂的方式记录生活中的愉悦和惊喜，同时还能装饰她们的家。乔迪发展了这一古老的技术，以更具表现力的精美形式，打破平面领域，实现了梦幻般的立体景象。这些精美灯罩的设计灵感来自乔迪的建筑设计作品，按照 1∶50 的比例缩小，每盏灯都是一处胜景，能够迅速转换房间的氛围。云灯是可持续的，使用的材料是再循环纸张，以手工作为生产方式，使用的也是节能灯。将传统中国剪纸引入现代应用中也是云灯对于文化的一种延续。

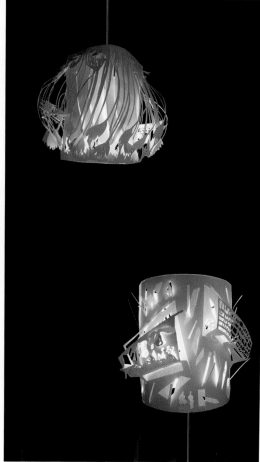

项目：19罐

设计师：尼尔·梅利（Nir Meiri）
摄影：肖伊·本·埃弗雷伊姆（Shay Ben Efrayim）

尼尔·梅利以环保作为设计理念，决定在设计中将周围存在的废品——一次性工厂罐进行再循环。因此，设计出的作品是一款使用一次性罐灯罩的灯具，坚持了概念、美学和功能性三位一体的理念。

一些元素能够作为如何挑选罐子的决定因素：形状、材料和用途。挑选出的罐子优美，具有几何形态，为设计接近完美做出了贡献。罐子的材料是耐热的，下部的排水洞通常用来排水散热。19罐设计成黑色是为了使内部的金色增强光线的反射，给人们奢华的感觉。

规格：600（直径）× 1000（高）；
材料：19个再利用塑料工厂罐子。

规格: 430 (直径) × 470 (高);
材料: 硬纸板, LED照明。

项目：木材灯

设计师：尼尔·梅利
摄影：肖伊·本·埃弗雷伊姆

木材被制成硬纸板后价值就大幅度减低了。无论是唯物观点还是美学观点，硬纸板都被认为用于生产廉价产品，比如运输箱。

该设计的创意是将制成运输箱的硬纸板——一种几近循环寿命尽头的材料进行再利用，以某种方式提高它的价值，并重新赋予它使用价值。

设计工艺强调材料的原有特性和美学功能。对木材的处理展示出了硬纸板的层次，创造出新的令人惊奇的质地。作为生态实践的一部分，LED光源的使用能够防止过热并节约能源。

项目：洗涤灯

设计公司: 创意设计工作室 (IDEA Design Studio)
设计师: 阿莱克斯·科瓦切夫 (Alex Koratchev)
摄影: 马丁·库佩诺夫 (Martin Kupenov)
客户: IDEA

该设计的目的是使用尽可能少的材料创作出令人愉悦又带有美感的照明装置。由旧洗衣机滚筒制成的洗涤灯就是这一设计理念的成果。除了与电相关的部件和挂线，所有东西都被利用了起来。设计师从维修店中购买了这些滚筒，喷涂并连接电子线路。这款灯具可以用做吊灯，也可以安装在墙壁上，或是用做长沙发躺椅，只需要加装带有软垫的座椅就行了。座椅和软垫的材料来自与设计师合作的挂毯公司的纺织品库存。

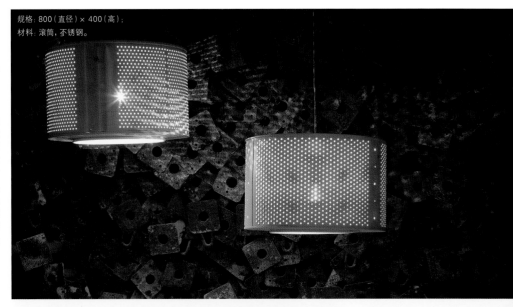

规格: 800（直径）× 400（高）；
材料: 滚筒，不锈钢。

项目：玻璃杯枝形吊灯

设计公司: 创意设计工作室
设计师: 阿莱克斯·科瓦切夫
摄影: 伊万·克罗沃茨（Ivan Kolovoz）
客户: 卢博米尔·瓦西列夫（Lubomir Vassilev）

玻璃杯吊灯是光滑型升级再造的一种尝试。
客户给予创意设计工作室的挑战是设计出带
有奢华感的照明装置。另一个挑战则是设计
师希望尽可能多地进行升级、再造。设计理
念是使用抛光的不锈钢作为底座，隐藏所有
的电子元件，同时使用客户的玻璃杯作为灯
罩。设计师还在玻璃杯上增加了铬和铝的细
节处理，以使 LED 灯源可以装在杯子里。

规格: 600（直径）× 900（高）；
材料: 玻璃杯，不锈钢。

项目：折纸灯

设计公司: 创意设计工作室
设计师: 奥莱格·弗拉基米洛夫（Olég Vladimirov）
摄影: 伊万·克罗沃茨
客户: 创意（IDEA）

创意设计工作室希望创作出脱离浪费严重的普通生产工
序的灯具。同时，他们不希望这款灯具过于奢侈，尽可
能使用现有材料，不浪费资源。理念下达给全公司后，
奥莱格·弗拉基米洛夫很快提出了解决方案。他在折纸
书中深度挖掘，终于寻找到了一款具有几何特征和现代
性的理想造型，非常适合这款灯具设计的创意。

开始生产 300 间纸质作品的模切模板之前，设计师需要
先创作出 10 个原型。他们使用简单的再循环纸张，开
始这项折星星的冗长工作。折好后彼此衔接，不需要使
用胶水，就好像折纸一样。最后的步骤就是使用环保节
能的灯泡点亮这盏灯。

规格: 400（直径）；
材料: 纸。

项目：重新点亮

设计公司：米舍·特拉克斯莱尔（Mischer' traxler）
设计师：凯塔琳娜·米舍（Katharina Mischer），托马斯·特拉克斯莱尔（Thomas Traxler）
摄影：米舍·特拉克斯莱尔

该设计开始的重点是光源。"重新点亮"并没有完全设计全新形状的灯具，而是将旧灯泡转换成新的节能光源。

连接到承装荧光管的玻璃管之前，每款"重新点亮"灯具都使用两个废弃灯具，经过拆分、磨光、重新喷漆以适应更新的技术。通过引进不同形式的光源，旧灯的外观和感觉完全改变了。他们变成了一个全新的单元，每一款都有自己的特性。组合到一起后两款灯消耗的能量比以前单独使用的时候减少了。"重新点亮"——灯具使用 21 或 28 瓦 T5 荧光管作为光源。这一代荧光管需要更少的电能，能够选用不同的颜色，而且只用电子镇流器就可以，不需要其他启动装置。

规格：1300（长）× 350（宽）× 570（高）；
材料：旧灯具，喷漆，电子镇流器，玻璃管，荧光管。

项目：猎物

设计公司: 赫尔沃尔克 (Herrwolke)
设计师: 迈克尔·康斯坦丁·沃尔克 (Miclael
Konstantin Wolke)
摄影: 迈克尔·康斯坦丁·沃尔克

只使用废弃材料制成的各种褶皱硬纸板为材料，"猎物"成了独特的照明选择。经过分解和重新安排材料，设计师将制备好的褶皱硬纸板压缩，根据特定的材质用作制作灯具的原料。

项目：半打装环形悬垂灯具

设计公司: 李利维设计公司 (Relevé Design)
设计师: 琉宝康 (Bao-Khong Luu)
摄影: 琉宝康

半打装环形悬垂灯具的灵感来自现代形态和植物的自然形态。每款灯具使用100   400 个使用过的半打装环形包装，重量为4   12磅。该设计使用的技术研发了一年半，通过手工编织或是穿在金属环上实现设计。这项技术避免了胶粘剂和不必要的结合零件的使用，并且能够形成多种形态。这种结构模式使得一些灯具还能够组合成更有效的形态。UL 电线零件和低散热 LED 灯泡完成了环形灯的设计。使用寿命到了以后，每款灯具都可以轻松解构，进入再循环或者进一步升级。

规格: 96 莲花环形灯，406 (直径) × 254 (高)；
　　　252 莲花环形灯，559 (直径) × 330 (高)；
　　　432 莲花环形灯，559 (直径) × 508 (高)；
材料: 聚乙烯，环形包装，电线零件。

项目：雄蕊，花瓣

设计公司：G点优势（g dot plus）
设计师：平岩大介（Daisuke Hiraiwa）
摄影：平岩大介

这两款灯罩的设计灵感来源于花朵的结构。平岩大介尝试以日常物品的结构创作出人工花朵形的灯具。当他在一家本地商店寻找牙签时，他能够联想到太阳花的移动，头脑中充斥了各种小花的形象。此外，当大介看到一次性的透明塑料勺时，感到那些勺子看起来就像是花瓣。大介使用焊铁将一次性塑料材料穿孔，创作出人工花瓣吊灯。这两款灯具安装以后依然可以进行重新组合。 ■

规格：300（长）× 300（宽）× 200（高）；
材料：牙签，钢线。

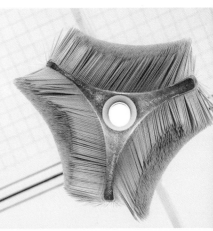

规格：300（长）× 300（宽）× 250（高）；
材料：可丢弃塑料匙，钢线，钓鱼线。

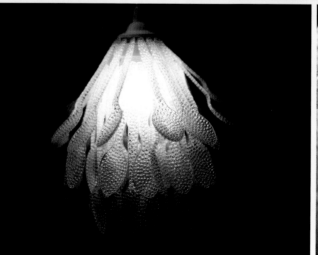

项目：泥巴灯

设计公司：迪克·舍佩斯工作室（Studio Dik Scheepers）
设计师：迪克·舍佩斯（Dik Scheepers）
摄影：迪克·舍佩斯

该设计的委托是创作一款生态吊灯，但想将这两个词和谐组合在一起并不那么简单。生态暗示着环保意识，吊灯意味着使用时耗费很多能量。

迪克·舍佩斯选择使用土坯制造灯罩的简单模型。材料耗能少而且到处都是现成可用的。只需要混合一些水和空气，阳光晒干后材料就拥有最终的强度。任何人都可以通过不同的形状制造自己的吊灯，就像灯可以自动开启、闭合一样简单。

规格：200（长）× 200（宽）× 400（高）
材料：泥砖。

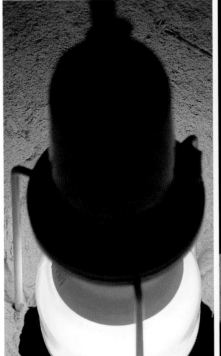

项目：纸灯

设计公司：皮娅设计（Pia Design）
设计师：皮娅·伍斯滕伯格（Pia Wüstenberg）
摄影：皮娅·伍斯滕伯格
客户：乌托邦和功用（Utopia and Utility）

该作品通过各种各样的工序开发出了材料在不同结构和美学组成上的价值。作为原材料的纸张产生功用的同时也定义了作品的美学。所有纸张的来源都是再循环纸箱或印刷厂的捐赠。纸筒和 LED 灯构成了光源。

规格：100（直径）× 500（高）；
材料：纸。

项目：皮尼亚

设计公司：自然-边缘（Raw-Edges）
设计师：耶尔·莫尔（Yael mer），肖伊·阿尔卡雷（Shay Alkalay）
摄影：肖伊·阿尔卡雷
客户：梅特里亚·阿莫里姆（Materia Amorim）

皮尼亚提出以一种人格化的诙谐方式进行照明。这款吊灯的外部结构是固定着打印纸灯罩的软木塞。看到皮尼亚所选择的不同形式和绘画的灯罩，你很难用语言来形容它的外观。设计人性化，灯罩固定的位置还能让使用者自主选择照射的方向和范围。软木塞的低热和低导电性确保了使用者在操作电灯时的安全性。形态和摆放位置的可变性赋予了这款设计更多的趣味，使用者可以根据自己的情绪和环境进行摆放。

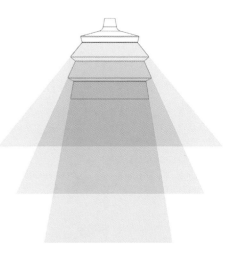

项目：50%锯屑

设计公司：独木舟工作室（Kulla Studio）
设计师：阿迪·施皮格尔（Adi Shpigel），
　　　　克伦·托莫尔（Keren Tomer）
摄影：阿维夫·库尔特（Aviv Kurt）

原材料的研究促成了同时使用两种不同废料的新方法的研发，这两种废料是——锯屑和塑料袋。

锯屑的巧妙运用是材料和生产方式发展的结果，它为材料注入了新的品质。将塑料锯屑和木质锯屑在不使用额外黏合材料的情况下结合在一起是研究的精髓。

生产工艺包括创造两种材料的精确混合物，然后压入铝制模子进行烘焙。通过加热，即使不使用树脂或胶粘剂也能产生相同的效果。产出的物品是稳定、结构坚固而具有美学的新材料。这种材料能再利用，从而延长了物品的寿命。

规格：180（宽）× 350（高）× 160（深）；
材料：锯屑，塑料袋，木材，金属。

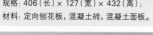

规格：406（长）× 127（宽）× 432（高）；
材料：定向刨花板，混凝土砖，混凝土面板。

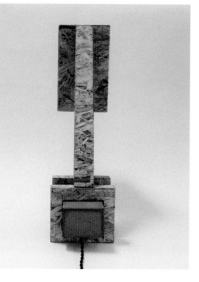

项目：重放

设计公司：维克特·费特莱因办公室（The office of Victor Vetterlein）
设计师：维克特·费特莱因（Victor Vetterlein）
摄影：维克特·费特莱因

项目初期需要从本地的废弃收货站收集建筑材料，然后重新加工制成有用的物品。灯具使用的材料包括定向刨花板，混凝土砖和混凝土板。全新的混合设计还使用了螺丝固定的节能灯或 LED 光源以及布电源线、开关和插座。

项目：97%肥皂

设计公司：D-幻想（d-vision）
设计师：D-幻想
摄影：盖伊·赫克特（Guy Hecht）

这款小巧新潮的灯具是用肥皂制成的，是
2010 意大利米兰沙龙卫星城开、关展览和
2010-2011 荷兰爱因霍温设计周展品的一
部分。

LED 是一种低能耗照明器材，比白炽灯拥有
更多的优点：对于能量的使用非常高效，能
够持续使用 17 年，由于只有很少的能量转
化为热能，所以表面温度很低。这些特质使
得以前从未被用作灯罩的低温材料变得能
够使用，比如肥皂，它是一种可生物降解的
环保材料。用肥皂这种高潜质的材料制作朦
胧灯具的创意就此诞生了。

规格：140（长）× 140（宽）× 130（高）；
材料：97%香皂，3%LED灯泡和电线。

项目：咏叹调

设计师: 马尔科·基泽 (Marcel Kieser), 克里斯托弗·斯派斯 (Christof Spath)
摄影: 克里斯托弗·伦普 (Kristof Lemp)

"咏叹调"是一款经典纺织品气球灯具。纺织品营造出温暖，用来渲染气氛和在空气中的光线，不只适用于起居室和餐厅，也能用在酒吧和休息室。巨大的纺织品灯身既可以使用褶皱表面，也可以使用平滑表面，环绕在塑料环上的弹簧钢用来拉紧灯身。所有零件都可以单独再循环，作品遵循了"尘归尘、土归土"，万物回归自然的法则。

规格: 780 (长) × 780 (宽) × 290 (高); 900 (长) × 900 (宽) × 270 (高);
材料: 纺织品，弹簧钢，聚碳酸酯。

项目：科佐灯

设计公司: 科佐灯具公司 (Kozo Lamp)
设计师: 大卫 (David)，阿纳提·西法
　　　　 (Anati Shefa)
摄影: 盖伊·希拉 (Guy Gilad)

这款"科佐灯"使用的材料主要是
镀锌铁，这种材料最为人熟知的品
质是防锈。使用升级材料是一个挑
战，但能够成功地为我们带来更大
的满足，对人类以及我们美丽的星
球来说都是有益的。

时间的侵蚀会在管道的边缘形成铁
锈，不再包裹铁的地方增加了设计
的空间。"科佐灯"的开启、闭合使
用的是新颖的水龙头和电灯开关，
增加了使用的真实性和趣味。

设计师大卫与阿纳提·西法直接从
特拉维夫工厂区的工厂和作坊收集
原始材料。他们认为产品应该是优
质且具备很长的使用寿命，所以
只使用高标准的材料和零件。

规格: 140 (长) × 180 (宽) × 280 (高)；
材料: 镀锌铁，黄铜，电子元件。

项目：自行车链条灯

设计公司：对话方式设计工作室（Dialogue
　　　　　method Design Studio）
设计师：赵亨淑（Hyung Sukcho）
摄影：赵亨淑

自行车链条的功能性非常强，每个个体的
形状独特而又互补。"自行车链条灯"的设
计灵感来自自行车链条，它比任何灯具的
形态都更为多种多样。因此，8 处接头可
以根据喜好随时发光。该设计共有四种组
件，几乎可以组成任意长度和形状。白色
自行车链条灯的两侧都是不同的，一侧是
不锈钢螺母，另一侧是干净的螺栓。

规格：230（长）× 170（宽）× 220（高）；
材料：桦木胶合板，自行车链条，硬件。

规格: 300（长）× 300（宽）× 900（高）；
材料: 铁, 棉花, 聚氯乙烯, 电缆, 陶瓷结构。

项目：散步者

设计公司: 弗朗基设计公司（Frankie）
设计师: 弗兰克·纽利凯德（Frank Neulichedl）

除了使用超过 90% 的可循环材料，"散步者"还能"走"过自己的一生。毫不夸张地说，如果你踢它一脚，它是不会摔倒的——它会逃走。这款灯具使用的材料包括：无涂层或经过处理的铁，CE 标准聚氯乙烯电缆陶瓷结构覆盖的棉花。"散步者"获得了 2006 年欧洲卢米涅尔奖，仅手工生产了非常有限的几个系列。

项目：纸浆灯

设计师：恩里克·罗梅罗·德拉·利阿纳（Enriyue
　　　　Romero de La Llana）
摄影：阿娜·古巴（Ana Cuba）

"纸浆灯"只使用回收利用的旧报纸的纸浆作为原料，这一设计赋予了纸浆第二次生命。设计没有使用同一标准的模具，每款设计都有新的形状、颜色和质地。所有的形状都是可充气模型塑造出来的，这就使得变形和形成独特造型成为可能。使用的材料使设计变成鲜活的作品，可以根据环境和湿度条件轻微改变外形。

规格：500～600（长）× 500～600（宽）× 400～600（高）。
材料：再循环纸，白色胶水。

项目：发现物灯

设计师：达申·阿拉塔·帕特尔（Darshan Alatar Patel）
摄影：达申·阿拉塔·帕特尔

这款具有"生态意识"的灯具设计使用了经回收加工过的部件，其中包括竹板、玻璃罐和抽屉锁。设计的理念是通过新技术和材料的应用，实现遗弃的最小化或者再循环垃圾的使用，同时提升设计的价值。

规格：280（长）× 280（宽）× 226（高）；
材料：升级竹子，玻璃，橡胶。

项目：开花

设计公司: 埃瓦·森德卡设计公司（Ewa
　　　　　Sendecka Design）
设计师: 埃瓦·森德卡（Ewa Sendecka）
摄影: 埃瓦·森德卡

运用你的想象力，根据心情创作出属于
自己的灯具。灵活地进行修改，并发明
新的形状！这款灯具由四组模块组成。
设计的主要结构是一条弯曲后支持整体
形状的灵活缆绳（原料是废弃的麦克
风）。这一结构使得灯具能够悬挂或固
定在底座上（用缆绳完成）。LED 是这款
设计的光源。从头部或尾部拴住灯具后
挂起来都是可以的。

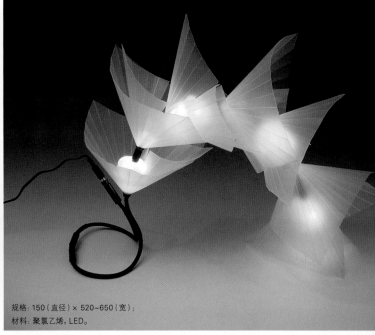

规格: 150（直径）× 520~650（宽）;
材料: 聚氯乙烯, LED。

项目：蜂巢

设计公司: 埃瓦·森德卡设计公司
设计师: 埃瓦·森德卡
摄影: 埃瓦·森德卡

该灯具的设计灵感来自蜂巢，以及蜂巢
中居民们的互动。设计是为咖啡厅和餐
厅的室内装饰所做的。如果灯被放在桌
子或吧台上，人们聚集在周围的时候就
像蜜蜂围绕在蜂巢旁。

灯罩是由使用过的聚氨基甲酸乙酯二氧
化碳管制成的。虽然灯体是透明的，但
弥漫的光线使得灯泡变得不可见。使用
者可以根据心情改变其色彩、强度和规
格，这些因素都是与灯罩相互关联的。
使用的材料全部是弹性、不易碎的，没
有金属零件。整个设计安全、易清洗、
轻便、易拆卸。

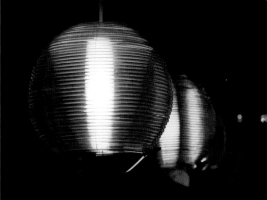

规格: 260（直径）;
材料: 聚氨基甲酸乙酯管。

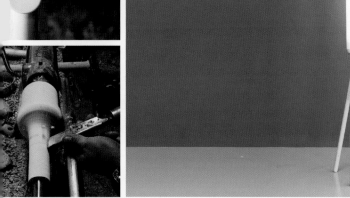

项目：灯塔

设计公司：迪米特里奥斯·斯塔塔玛塔基斯（Dimitrios
　　　　Stamatakis）
设计师：迪米特里奥斯·斯塔塔玛塔基斯
摄影：阿莱克西斯·卡纳基斯（Alexis Kanakis），托马斯·梅
　　　雷恩德（Thomas Mailaender）

"灯塔"反映的设计哲学是：物体有着独立的自我有效性，因
此能够不顾周围环境自主存在，同时又有能力改变和重建空间。

放置在三脚架上时，光线的垂直使用定义了灯具的形态，同
时该设计能够为空间提供 360°的光线照明。这种方式为灯
具增添了纪念碑式的特质，吸引生命的接近。

"灯塔"使用软枫木或再生白杨木，硼硅酸玻璃（以热膨胀
系数低著名，20℃ 时 $\sim 3 \times 10^{-6}$ /℃，这就赋予了材料抗热性，
以及高热传播性，比其他任何普通玻璃更为优胜）制成。60
厘米长的 LED 光柱由 24 瓦 LED 灯带和一个模拟旋转调光器
构成。

规格：350（长）× 350（宽）× 1750（高）；
材料：软枫木，硼硅酸玻璃，LED，电子元件。

任何人造产品都是由自然环境中能够寻找到的天然物质或是经过提取加工后的天然材料制成的。源自植物、动物或是在自然界中能够寻找到的产品或物质都可归属为自然材料的范畴，包括从中提取出的矿物质和金属（未经过深度加工）。

天然材料要比人工合成、制造的材料（如塑料）对环境更有益处。将天然材料和人工合成材料进行比较就会发现，前者消耗的资源更少，人工合成材料产生的废物或是在大气中排放的更危险的废气会污染环境。选择天然材料就是尽我们自己的努力去改善和保护环境。天然材料制成的家具更能提升人们的生活质量，让人们在自己家里阳台、日光浴室、甚至起居室就可以感受到大自然的气息。

毋庸置疑，使用天然材料制成的家具一定是具有生态和环保特性的。本章中列举的一些灯具使用的天然材料包括葫芦、麻绳、木材、竹子、金属、皮革，以及其他各种各样的天然纤维、沙子、石头等。

天然材料

Natural Materials

in Lighting Design

2

项目：新娘灯

设计公司：母亲灯具公司（Mammalampa）
设计师：叶娃·卡莱娅（Levakaleja）
摄影：母亲灯具公司
客户：母亲灯具公司

纸张制成的新娘"裙"以不同寻常的方式呈现传统的灯具材料。随着灯光照射到空间，你会感到自己被注入一种愉快、优雅和无法感知的气息；感觉灯好像是不受引力影响的物体。这绝对是一款有性别的灯具，显然是更为美丽的性别而设计，因为新娘营造出的氛围是女性化的。"每位新娘"都拥有自己的个性，形式独特。这些形式是编织者将个人的感受注入编织的灯罩中创作出来的。该作品包括两种规格的顶灯，一款类似的落地灯和台灯均是手工制成。

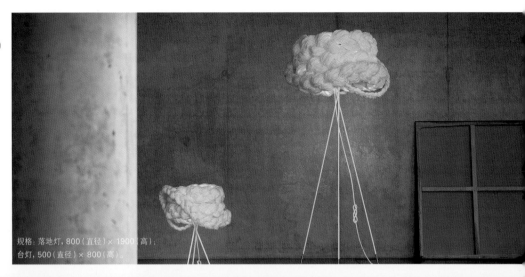

规格：落地灯，800（直径）× 1900（高）；
台灯，500（直径）× 800（高）。

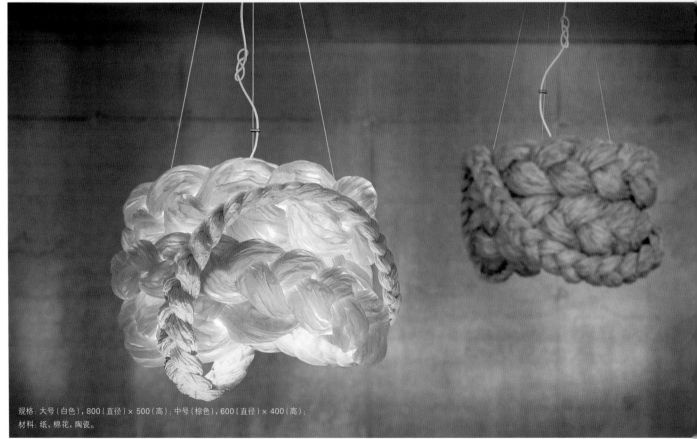

规格：大号（白色），800（直径）× 500（高）；中号（棕色），600（直径）× 400（高）；
材料：纸，棉花，陶瓷。

项目：竹光

设计师：孟凡森（Fanson Meng）
摄影：孟凡森

"竹光"是一款室内装饰用的灯具设计。照明结构包括切割过的细竹竿，中空的部分隐藏了线路。倾泻的灯光从竹杆中透出，光源是覆盖着竹纤维的冷阴极荧光灯管。透过发光体，你能够感受到竹子内部的自然气息。当然，这也是一款优美的日常装饰品。

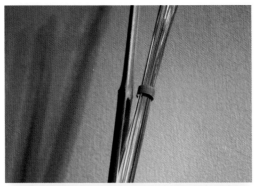

规格：280（长）×200（宽）×1650（高）；
材料：竹子，塑料。

规格：500（长）×500（宽）×550（高）；
材料：竹子，木材。

项目："旋"灯

设计公司：杭州品物流形
设计师：张雷

如果自然风徐徐吹过的时候，与竹片翩翩起舞的"旋"灯似乎带着风的足迹。设计使用的材料全部来自四川产的中国特种竹，工艺大师们用传统手工艺将它们变成精美、光滑的竹片，既能保持竹子的自然色泽，又能避免生霉。所有制作工序都是环保的。

"旋"灯还包含一盏特殊的 LED 灯源，由于其使用时温度较低，非常安全，同时还能节约大量电能。

竹片中透出的光影营造出梦幻般的世界。尤其是当微风穿过室内，轻轻吹拂的时候，竹子优美的曲线浮动，使人们仿佛嗅到了自然的气息。 ■

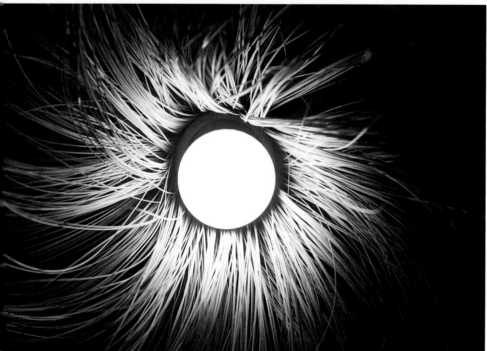

项目：折扇灯

设计公司：路易·里加诺（Louie Rigano）
设计师：路易·里加诺
摄影：路易·里加诺
客户：路易·里加诺

传统折扇的历史源远流长，其制作方法是在
竹制框架上附以纸张。这款重新发明的设计
强调了相同的结构和材料，但是在结构中引入
了别致的弯曲造型，创造出了新的功能。和
纸（Washi）因其良好的强度和耐久度被用作
折扇的常用材料；由于它的透光性也较好，这
种纸还常被用于灯笼的制作。在这里，和纸实
现了应用的最大化，两种功能都得到了体现。
此外，竹子能够通过加热轻易地进行弯曲和
调整。当灯的竹节扩展时，橡胶绳也进行加热，
成型，以配合内部空间的曲度。

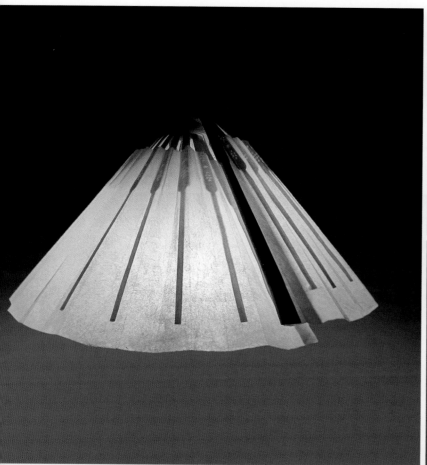

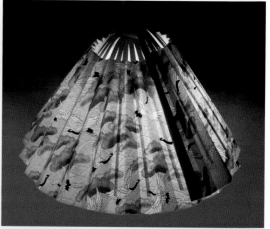

规格: 280（长）× 280（宽）× 200（高）,
材料: 竹子, 和纸, 灯泡装置, 绳。

项目：葫芦灯架五

设计公司：卡拉巴特（Calabarte）
设计师：普热·克劳钦斯基（Przemy Slaw Krawczynski）
摄影：普热·克劳钦斯基

这款灯使用的是产自塞内加尔的葫芦。规格是半个葫芦（比半个稍微大一点）。白色雕刻是白木较深的层次，能够加强透光性。这是一款专门为墙壁做的设计，相似的款式也能挂在天花板上。葫芦的直径是21cm，在墙壁上的直径是17cm，墙壁到支架顶部的距离是16.5cm。

规格：210（直径）× 165（高）；
材料：葫芦。

项目：落地灯12

设计公司：卡拉巴特（Calabarte）
设计师：普热·克劳钦斯基（Przemy Slaw Krawczynski）
摄影：普热·克劳钦斯基

"落地灯12"的样式灵感来自不规则碎片和自然。准备工作是在10个不同直径的物体上钻孔。底部使用木雕，并用意大利天然油漆喷涂。在底部烧制了卡拉巴特的商标。支撑杆使用黑色蜂蜡宝石线修饰。设计的直径是20cm和22cm，高约39.5cm。制成这款灯具作品大约需要一个半月的时间。

规格：200~220（直径）×395（高）；
材料：葫芦，木头。

项目：落地灯13荆棘球

设计公司：卡拉巴特
设计师：普热·克劳钦斯基
摄影：普热·克劳钦斯基

这款设计的基础是更为简洁的十二面体形式。普热·克劳钦斯基还希望只使用单排孔就能够使屋内的采光率提高。更为别致的是，和谐的灯体并没有加设底座，仅有一处被小磁铁卡住的孔。刺状的部分使用的材料是栎木，涂有天然油漆，并以黑色蜂蜡宝石线装饰，有9cm和6cm两种长度。白色的雕刻是白木比较深的层次，有一定的透光性。由于木材在这些地方的厚度不同，这才导致点亮时产生了阴影的效果。葫芦的直径是20cm，灯的高度是32.5cm。

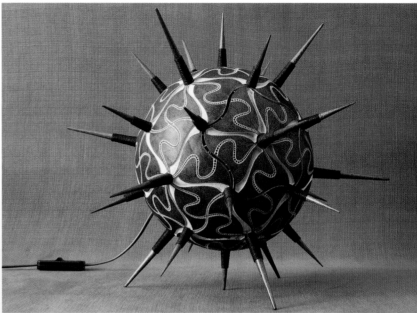

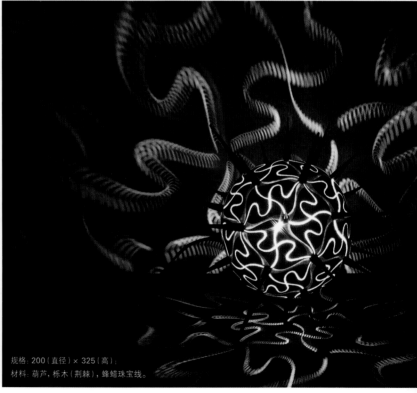

规格：200（直径）× 325（高）；
材料：葫芦，栎木（荆棘），蜂蜡珠宝线。

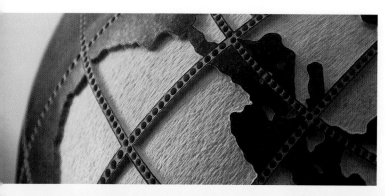

项目：落地灯14地球仪2

设计公司: 卡拉巴特
设计师: 普热·克劳钦斯基
摄影: 普热·克劳钦斯基

经线和纬线每隔20°标记一次；据此重新构造了大陆的轮廓。经线和纬线上都被穿了孔，这样透过来的光线就能够在周围墙壁上形成灯光效果。灯具是闭合式的。能够开启的部分在60°经线处，由小磁铁卡住固定。灯的头部位置是固定的，这样位于灯一侧的太平洋不会太引人注意，另一侧则更为有趣。固定装置用棕色蜂蜡珠宝绳索修饰。底座和开关之间的绳索部分也是使用相同种类的材料进行编织。底座使用了木雕，并用意大利天然油漆喷涂。底座朝下的一侧印着卡拉巴特的商标，以及作品完成的日期。

规格: 240 (直径) × 410 (高)；
材料: 葫芦, 木头。

项目：饱满的茧

设计公司：贝尔+波（bel+bo）
设计师：让尼娜·范·厄尔克（Jeannine VanErk）
摄影：妮娜·斯特拉古特尔（Nina straβgütle）
客户：舒不拉登（SchubLaden）

"饱满的茧"和"饱满的宝石"是独特的手工设计灯罩，完全采用手工制作，尤其是天然染色材料的使用赋予了它们个性。荷兰设计师让尼娜·范·厄尔克的技艺使得每款灯罩都是不尽相同的。它们的特质是拥有温暖、简洁的气氛光线和现代化设计。定制的颜色与展示出来的成品颜色从来不会完全相同，因为采用的是天然色素，在加工过程中会产生轻微的改变。这款灯具可供选择的不同样色共有七种。

规格：400，500，600（高）；
材料：医用绷带，自然色素，硬化剂。

项目：头巾

设计公司: 库兹涅佐夫装饰公司 (decorkuznetsov)
设计师: 瓦列里·库兹涅佐夫 (Valeriy Kuznetsov)，凯特琳娜·库兹涅佐夫 (Katerina Kuznetsova)
摄影: 瓦列里·库兹涅佐夫

在冬天穿着暖和的针织衫是多么惬意的一件事。这款设计的创意灵感就是羊毛衫。该设计目的是创作出温暖舒适的灯具。核心部分是秘鲁羊毛线系着的钢珠。可以作为吊灯也可以作为落地灯。有两个或更多的孔可以用来暖手或是换灯。多变的色彩带给室内舒适、温暖的光线。钢珠系着秘鲁羊毛线，这种毛线是完全无害的自然材料，耐用，质地轻。

规格: 600 (长) × 600 (宽) × 600 (高)；
材料: 铁，秘鲁羊毛线，陶瓷。

项目：利昂系列01+手工照明物品

设计公司：兰扎维基亚+瓦伊设计工作室（Lanzavecchia + Wai Design Studio）
设计师：弗朗西斯卡·兰扎维基亚（Francesca Lanzavecchia），胡恩·瓦伊（Hunn Wai）
摄影：丹尼尔·佩·K·L（Daniel Peh K.L.）

兰扎维基亚＋瓦伊工作室与新加坡仅存的舞狮面具手工艺人合作，创作出了利昂系列灯具，将这种稀罕的东南亚贸易的艺术性引入他所在的国家。

该设计使用柔软的竹片手工制作，覆以米纸，接着用象征传统的鲜艳橘红色内部喷涂，所有工序赋予舞狮面具新的内容和表现，使这种手工艺以灯具的形式重新进入公共视野中。

亨利·Ng（Henry Ng）大师有多年的舞狮表演经验，他将对于艺术形式的热情投入到了狮子面具的制作中。带着无比的热情和求知欲学会了这项技艺后，他开始十分认真地从事这一工作，并成了一名全职手工艺者（由精密金属机械师转职），服务于这里的多家军工艺术协会。那时新加坡大约有20多位狮子面具手工艺者，后来中国匠人的涌入，导致了狮子面具的大量廉价生产。由于利润微薄，许多手工艺者转行做了其他职业。而他则成为了新加坡最后的舞狮面具制作者，成为了20世纪早期来自中国南部移民文化的火炬接力者。

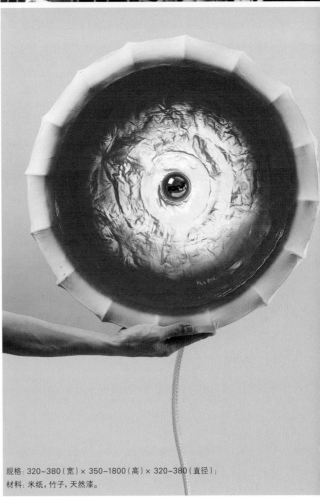

规格：320~380（宽）× 350~1800（高）× 320~380（直径）；
材料：米纸，竹子，天然漆。

项目：樱桃月亮，构造，午夜天空，五块石头，仙人掌宝石一号

设计公司：安戈（Ango）
摄影：新头脑工作室（New Brain Studio）

这款设计中应用了安戈公司研发的独特材料和技术，它们形成了一种重要的传承，新材料、新技术的研究还在继续。

安戈灯具的手工制造发散装置使用的材料是自然界中高度可再生的材料，以实现制作过程中能量消耗的最小化。主要材料是藤、蚕丝、桑树皮、手工铸造聚合体、木薯皮、原始丝绸纤维，以及自由形态的硅线和手工焊接的线矩阵。

灯的生产环节包括底座和铁或铁、混凝土电子零件。当发散装置的使用寿命结束后，可以和新的发散装置一同使用，或者以其他方式再利用。底座也是经过特殊设计的，这样当电子零件达到使用寿命后，可以非常容易地进行更换安装。■

规格：750（宽）× 650（高）× 1300（直径）；
材料：发散装置，蚕丝（自然色）；底座，手工喷涂的不锈钢。

规格：520（宽）× 380（高）× 520（直径）；
材料：发散装置，蚕丝（樱桃红）；底座，手工喷涂的不锈钢。

规格：2500（宽）× 550（高）× 700（直径）；
材料：发散装置，蚕丝（乌木黑）；底座，手工喷涂的不锈钢。

规格：500（宽）× 240（高）× 500（直径）；
材料：发散装置，使用藤制成的手工铸造聚合物；底座，手工喷涂的不锈钢。

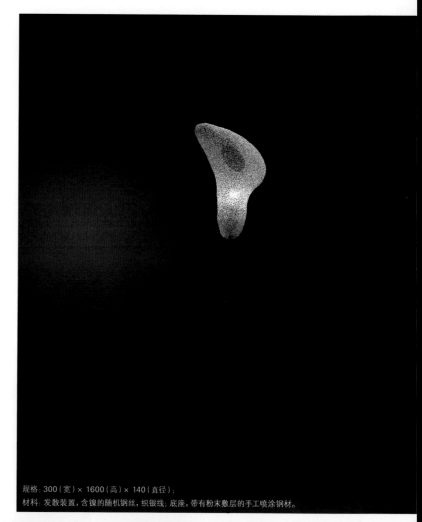

规格：200（宽）× 1100（高）× 390（直径）；
材料：发散装置，木薯制成的手工铸造聚合物；底座，混凝土，手工喷涂的不锈钢。

规格：300（宽）× 1600（高）× 140（直径）；
材料：发散装置，含镍的随机钢丝，织银线；底座，带有粉末敷层的手工喷涂钢材。

项目：沙暴

设计师：尼尔·梅利（Nir Meiri）
摄影：肖伊·本·埃弗雷伊姆（Shay Ben Efrayim）

这款设计的灵感来自沙子。沙子模塑的灯罩形状使人联想起原始的沙漠结构，总体结构类似于地中海岸生长的植物。

作为主要材料，沙子的使用在原始的沙暴和广袤的沙漠，它的原始属性在模塑结尾设计的精美之间发挥着张力。

尽管表面看起来脆弱，事实上灯泡是坚固的，强度与支撑装置上的金属杆相当。

作品的另一个重要方面就是环保。照明使用了LED灯泡来节约能源，创造灯罩（沙子）的材料丰富，但通常我们不知道如何明智地使用它。

灯被点亮以后散发出柔和的光线，突出了灯罩表面依然存在的虚无感，提醒我们沙子自然、无法抑制的本质。

规格：落地灯，300（直径）× 2000（高）；台灯，200（直径）× 600（高）；
材料：金属，沙子，LED灯泡。

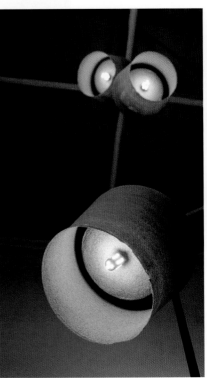

材料: 花岗岩。

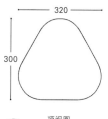

320

300

顶视图

项目: 登陆2000灯具

设计公司: UUN设计工作室 (UUN Design Studio)
设计师: 金贤珠 (Kim HyunJoo)
摄影: 金贤珠
客户: UNN设计工作室

"登陆"是一款固体花岗岩雕刻成的灯具。它来自自然，也将以尘土的形式返回自然。光线不能够直接透过石头，所以该作品被设计成光线由"腿部"缝隙射出。虽然第一件作品是由花岗岩制成，但也可以使用大理石或砂岩任意种类的石头进行制作。

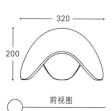

320

200

前视图

300

侧视图

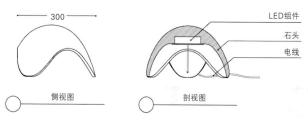

LED组件

石头

电线

剖视图

项目：结婚吧

设计公司：克拉斯工作室（Studio Klass）
设计师：马克·马图罗（Marco Maturo），莱
什·罗希尼（Alessio Roscini）
摄影：马克·科波拉（Marco Coppola）

"结婚吧"是一款由两部分组成的家具灯，一部分是陶瓷，另一部分是毛毡，使用红色蜡线连接。这是两个有陌生世界的结合，两种不同的真实材料，细节上是如此的不同以至于表面看起来是这么的不相容。正是基于这一原因，设计师选择使用陶瓷和毛毡，一种是毫无疑问的冷色调材料，闪亮且能够反光。另一种则是暖色调材料，轻柔而引人注目。但两种材料都来自自然。"结婚吧"通过视觉缝合强调了两种材料间的多变性，描述了两种真实的结合。

规格：280（长）× 280（宽）× 450（高）；
材料：陶瓷，毛毡。

项目：毡制的Felted

设计师：黛娜·巴卡尔（Dana Bachar）
摄影：夏甲·赛格勒（Hagar Cygler），黛娜·巴卡尔

这款灯具作品以羊毛和不锈钢为原料。设计师经过研究后开发出了许多将两种材料结合的方法。指导原则就是遵循它们的本质，不使用胶水、钉子或是螺丝等外部连接物。设计中每种材料都有卓越的功能，将两种材料结合后，最终产品的创作变得可行。

灯罩的形成是在金属框架上使羊毛毡化，在结合部创造出两种材料的"禁闭"状态。气球模具的使用创作出了独特的球形。每件作品的结合特性都是不同的。这些连接使我联想起自然界中的许多其他连接，这也是最终作品总体外观的灵感来源。■

规格：落地灯，1900（长）×1900（宽）×400（高）；
台灯，200（长）×250（宽）×600（高）；
吊灯，300（长）×400（宽）；
材料：不锈钢，手工毡制羊毛。

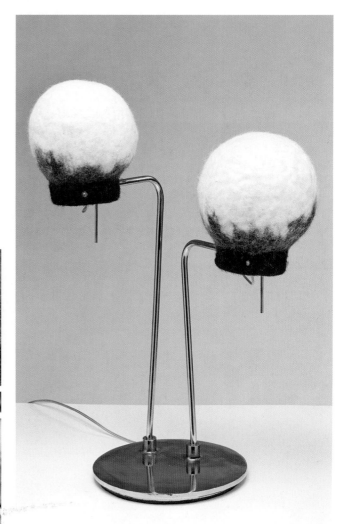

项目：卡佩洛

设计公司：莫洛（Molo）
设计师：斯蒂芬妮·福赛思（Stephanie Forsythe），
　　　　托德·麦克艾伦（Todd MacAllen）
客户：莫洛

"卡佩洛"的花岗岩底座核心借鉴了 1962 年卡斯蒂里奥尼（Castiglioni）兄弟的落地灯设计。

"卡佩洛"使用 LED 作为光源（3300K，180 流明），灯罩使用的是纸"帽子"或意大利"卡佩洛"。简洁的磁铁接头设计可以让纸帽子沿着花岗岩底座伸展出来的钢线滑动到任意位置。磁铁接头还赋予纸帽子倾斜、调整方向的功能，进而衍生的小型台灯的姿势给人以人性化的感觉。

卡佩洛的部件设置使得设计工序和发现在使用者手中得到延续。线路可以离开花岗岩底座寻找另一处落脚点。使用磁铁接头，带有纸帽子的 LED 灯泡可以夹在任何钢质表面，例如隐藏在墙壁上的干壁钉。

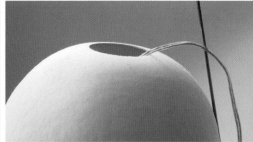

项目：流浪汉灯笼

设计公司：莫洛
设计师：斯蒂芬妮·福赛思，托德·麦克艾伦
客户：莫洛

"流浪汉灯笼"是一款便携式灯具，灵感来自米兰设计周时期托尔托纳地区的城市夜生活。这款便携式发光提包是一篇实用主义的诗歌，既可以当作功能性手提包使用，也可以单纯当作一盏灯笼。非常适合为行人或运动员提供额外的能见度，有利于交通，在月光中散步时也是一件浪漫的事。在家里，你可以选择将它插入插排，也可以使用配备的便携式电池组（使用8节5号电池）。

使用高效节能 LED 光源的设计非常符合生活的需要。100% 聚乙烯非织造纺织品制成的半透明精美纤维中，投射出柔和的光线。

项目：流动的柔光云

设计公司：莫洛
设计师：斯蒂芬妮·福赛思，托德·麦克艾伦
客户：莫洛

流动的柔光云以轻柔的发光形态，在头顶创造出起伏的华盖。流动云组（小，中或大）或是云垂饰能够根据环境以及独特的地形量身定制，创作出广阔的云景。设计的灵感来令人惊奇的亚历山大·考尔德（Alexander Calder）移动建筑。移动的发光云层能够悬挂起来，并随着头顶舒缓的气流进行漂浮、移动。流动的造型成就了广阔的滑盖外形，可以单独悬挂并提供照明和私密的围绕。空洞的云造型内部是 LED 光源，无论从任何角度观察，都能为设计的立体形态增添雕刻般的神秘色彩。

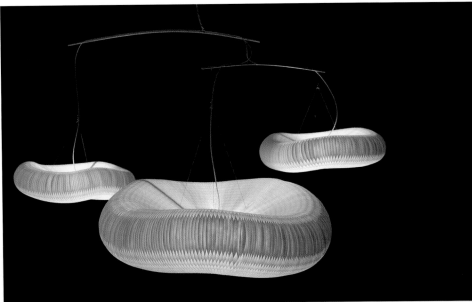

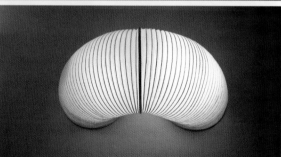

项目：迪夫灯

设计公司：安东尼·狄更斯（Anthony Dickens）
设计师：安东尼·狄更斯
摄影：安东尼·狄更斯

"迪夫"是一款安东尼·狄更斯设计的组合照明系统。名字取自日语"改编"，设计灵感来源于狄更斯在 2010 年的远东旅行。设计的理念是将传统的日本纸质"提灯"引入新的设计主导层面。

迪夫的革新以灵活性为基础。直观内的框架可以进行 90° 弯曲。该区域还可以 360° 转动，在直观末端用磁铁连接。

客人有按照自己意愿构筑灯具的自由，选择范围从半圆形的墙壁灯到巨大的环形设备。■

规格：250（直径）×550（高）；
材料：日式土佐和纸，纸，胶合板，藤条，铝，LED。

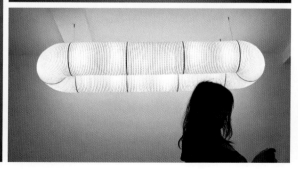

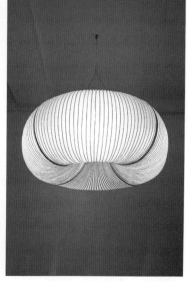

项目：蜂窝灯

设计公司：光荣设计（Kyonei Design）
设计师：冈本光市（Kouichi Okamoto）
摄影：山口由市（Yuichi Yamaguchi）

光荣设计使用"登古里纸"作为灯罩。
"登古里纸"是日本四国地区的特产。
打包以后的厚度约为2cm。打开并将
边缘用别针连接起来后，就成了灯罩
（别针是附带的）。作品在工匠精美而
耗时的劳动中诞生。

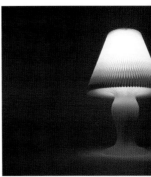

规格：300（长）× 300（宽）× 450（高）；
材料：纸。

项目：伊卡洛斯

设计公司：拉托雷·科鲁兹工作室（Latorre Cruz
　　　　　Studio）
设计师：拉托雷·科鲁兹（Latorre Cruz）
摄影：拉托雷·科鲁兹工作室

"伊卡洛斯"是一款用桑树皮手工制成的纸翼。
灯罩叶子羽毛状的外观看起来像是"伊卡洛斯"
在使用自己的羽翼飞翔。精美的外形以动人的情
感营造出非凡的回响。白昼对于过去的冥想渲染
出梦幻般的效果，优雅地实现了哥特式的浪漫主
义反差。

作品工序简单，成本低廉，手工纸张得到了自然
的加工。再循环农业废料经过加工变成了原材料
纤维。

规格：950（长）×950（宽）×250（高）；
材料：手工制作的桑树纸，LED灯泡。

项目：学习生活

设计公司：维克托·费特莱因设计办公室（The Office of Victor Vetterlein）
设计师：维克托·费特莱因（Victor Vetterlein）
摄影：维克托·费特莱因

"学习生活"吊灯是一款可持续性设计作品。坚固灵活的主体框架由竹棍、缝纫线和无毒木材胶水制成。内部球体是用无毒胶水黏合的包裹了纸张的竹竿。除了照明线和能够再利用的固定装置，整个灯具达到使用寿命后都是可以生物降解的。

设计的灵感来源于德国生物学家恩斯特·海克尔的著作《自然界中的生物形态》。具体来说，灯的设计借鉴了作者用铅笔生动描绘的植物、动物和复杂精美的有机结构系统。第一眼看到这些有机系统，你会觉得只是随机布局，进一步观察后你会发现它们之间也是存在顺序的。"学习生活"吊灯中，竹制三角形的重复随机间距排列形成了外部的球体。

"学习生活"设计作品包括美丽的球形竹子预制形态和纸灯笼。不同于当今普通的金属线铁环和纸灯笼，这款灯笼由于使用了传统工艺制作内部的圆形，即用纸盘旋包裹竹竿制成灯笼的圆周，所以显得十分独特。设计的长处在于采用了过去特别的灯笼设计，并以增加竹架外罩的形式赋予作品新的生命。直线与曲线部件的对比迸发出新的美感。

组成"学习生活"吊灯的竹球与内部纸球的组合令人着迷。内置平静纸球的吊灯形态如同木制的旋风。即使是以观察原子、粒子的显微镜视角来看这一设计，这款灯看起来形态大小仍然非常有限。然后置身银河的角度看仍然如此。组成吊灯的木制和纸制部件带给我们被有机物滋养着的感觉。

规格：660（长）× 660（宽）× 660（高）；
材料：竹棍，线，木材胶水，纸。

规格:135(长)× 145(宽)× 320(高);
材料:陶瓷。

项目:圆锥体灯

设计公司:h逗号(h comma)
设计师:金航宇(Hangyu Kim)
摄影:徐佳贤(Jaekook Suh)
客户:原型(Proto type)

设计师金航宇尝试将户外理性坚固的材料整合到室内设计作品中。因此,"圆锥体灯"的设计使用了"橘黄色停车圆锥体"的形状,无论从哪里看都是这一效果。作品使用陶瓷材料制成,采用了圆锥体结构。

该设计是自由站立的直立形态,通过潜望镜一样的开放式顶端发光。有两处光线出口。顶部的光线照亮使用者的空间,底部的光线能够为日常行为提供光线,如放置钢笔、眼镜、钥匙等等。

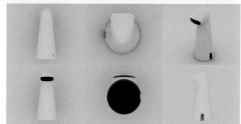

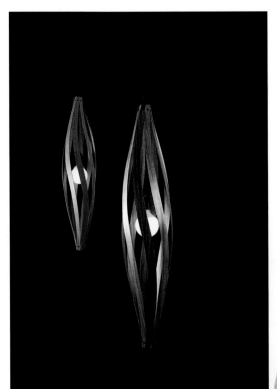

项目：茧状吊灯

设计公司: 麦克马斯特 (MacMaster)
设计师: 利马·阿斯茅 (Limahl Asmall)
摄影: 詹姆斯·钱皮恩 (James Champion)
客户: 麦克马斯特

茧状吊灯运用了 2.8mm 轻薄耐用的三部分木制薄板工艺，力求创造出坚固、优雅又不失灵活性的结构，从而创造出轻质与优雅结构集合为一体的照明设备。薄板使用非常强韧的树脂黏合，增强了耐久度，并且保持木板不易受环境中温度和湿度改变的影响而造成弯曲。标准木材胶水能够提供的保护非常有限，因此很难找到具有如此良好的强度和优美度的商业性薄板（<5mm）。

多种部件的布局和切割使得材料的浪费降到了最小。这种有效的方式缩短了机器生产每个部件的时间，并将材料对环境的影响都降到了非常低的水准。简洁的设计对于平面包装的要求非常低，易于储存。这同样改善着仓储空间、可管理性和运输成本。美丽的自然木材来自森林管理委员会认证的供应商。

项目：炕灯

设计公司: UUN设计工作室 (UUN Design Studio)
设计师: 金贤珠 (Kim HyunJoo)
摄影: 金贤珠
客户: UNN设计工作室

"炕" 台灯是使用折叠地板纸制成的，易于操控、经济而且十分简洁。地板纸的原料是桑树纸（80%），和自然纸浆（20%），以及豆油敷层（100%）。因此，这种材料不易撕裂，不易起皱，而且有防水效果，已经被用作炕文化中的地板材料（韩国地板下的加热系统）。这种材料是非常好的当地手工艺创意特色产品。

地板纸是应用广泛的地板材料。能够唤起韩国人对儿时的怀念，产生温暖和热烈的和谐感。这是一款材料非常优秀的吊灯。

规格: 200（宽）× 450（高）× 200（直径）；
材料: 韩国地板纸，压纸尺。

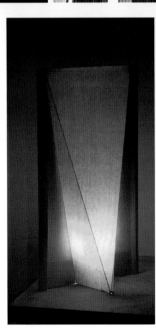

规格: 大，250（直径）× 1200（高）；小，200（直径）× 900（高）；
材料: 森林管理委员会认证的桦木胶合板，木材镶饰。

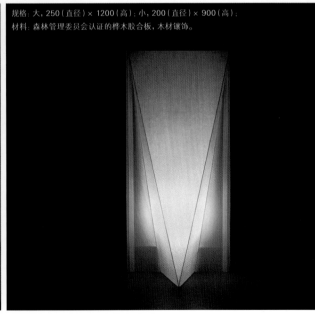

项目：开花吊灯

设计公司: 麦克马斯特
设计师: 阿莱克斯·麦克马斯特 (Alex MacMaster)
摄影: 詹姆斯·钱皮恩
客户: 麦克马斯特

麦克马斯特的作品是从他们的英国工厂中手工定制的，产品的设计对于材料的应用率非常高。他们尽可能使用森林管理局认证的木材，避免设计那些需要大量包装的产品。这里展示的"开花吊灯"使用的原料是森林管理局认证的 100% 桦木胶合板，非常便于平面包装和运输，没有使用胶水或任何其他外部安装材料。作为麦克马斯特产品美学标志的弧线架构并没有使用薄板，只是熟练地将轻质桦木"航空板"平板嵌入两根圆柱中间形成了弧形结构。"开花吊灯"是一款非凡的可持续产品，灵感来自产品的生态设计证书。

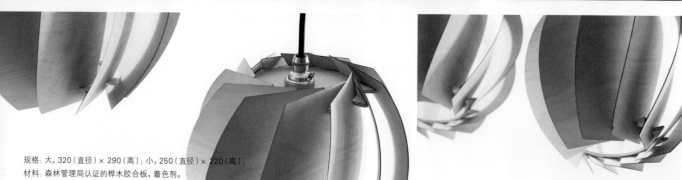

规格: 大，320（直径）× 290（高）; 小，250（直径）× 220（高）;
材料: 森林管理局认证的桦木胶合板，着色剂。

项目：木质枝形吊灯

设计公司：大卫·克里诺（David Krynauw）
设计师：大卫·克里诺
摄影：斯蒂夫·恩斯特（Stef Ernst）

作为一名设计师，大卫·克里诺喜欢使用那些看起来毫无价值的材料并将他们转化成有价值的作品。通常都使用木质材料的他，经常也将废弃材料应用到设计中。每年，城市里大量的树木都会被伐木公司砍伐。大卫的目的是为了营救这些树枝，看能否创作出令人兴奋的作品。因此，他使用蓝花楹木创作出了一系列以生态和革新性可持续性发展为特色的吊灯作品。

悬挂式工业枝形吊灯
规格：400（长）×400（宽）×950（高）
材料：抢救下来的蓝花楹木。

弯曲木灯
规格：1520（长）×400（宽）×2100（高）；
材料：白蜡木。

小人灯
规格：350（长）×340（宽）×380（高）；
材料：蓝花楹木。

项目：古德帕卡灯

设计公司：gt2P
摄影师：加布里埃尔·夏克尼克——夏克尼克工作室
（Gabriel Schkolnick— Studio Schkolnick）

"古德帕卡灯"代表着数字工艺最佳表达的理念。这件作品将手工艺、低科技制造与工业化生产及数字技术结合于一体。

这款设计堪称是一个巧妙的对比组合游戏。除了在制造过程中融合数字与传统工艺，在设计过程中兼顾国际化和本地化，也在外观设计上体现了动物与植物造型的结合和几何形态的对比。此外，灯具所用的材料也取自南北方不同的地域。

生产过程包括低成本切割模具的研发和密度板数控成型技术与材料的结合应用。内侧表面的山毛榉胶合板和羊驼毛毡带是通过激光切割机进行切割的。外部的灯罩使用了收集羊驼毛时废弃的毛发，由手工编织而成。

规格：1000（长）× 530（宽）× 450（高）；
材料：胶合板，塑料，编织羊驼毛，羊驼毛毡带。

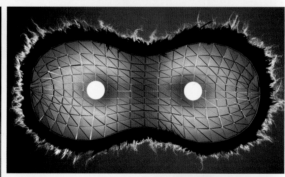

项目：数学

设计师：里克·泰格拉尔（Rick Tegelaar）
摄影：里克·泰克拉尔

"数学"是一组三盏灯的设计作品，也是制作三盏灯所需的工具。作品的重点是发现现有材料新的可能性和应用方式。"数学"项目展示了新工具和方法是如何赋予最为陈旧的材料新的属性的。所有的灯具都是铁丝网制成的，一种设计中没有任何意义或价值的材料。设计师尝试通过更为开放的处理方式，在深度而不是广度上获得材料的应用范围。

灯具的外表覆盖着一层竹纸。这种纸由遇湿膨胀的长纤维组成。水基胶作为黏合剂将纸张粘贴在网状材料周围，干燥后材料会皱起并紧贴网状结构。这样的生产方式，使得材料组合形成的灯具结构具有非常高的效率。

关灯以后，人们只能看到灯的纸质外层。但是，当开灯的时候，灯具的制作方式，包括纸内飞镖状的线网结构都变得一清二楚。这种设计方式展现给人们栩栩如生的灯具形象。

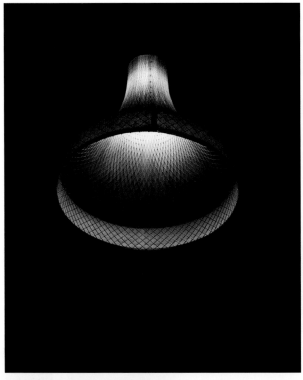

规格：400（直径）× 1800（高）；
材料：铁丝网，竹纸，德国白蜡木，铝。

规格：180（直径）× 500（高）。

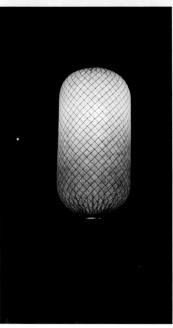

规格：350（直径）× 500（高）。

规格：1600（长）× 700（宽）× 1800（高）；
材料：手工瓷器外壳，氧化链条。

项目：飞入云端

设计公司：伊娃·门兹设计公司（Eva Menz Design）
设计师：伊娃·门兹设计团队（Eva Menz Design Team）
摄影：詹妮弗·帕库尔斯（Jennifer Pakuls）
客户：里斯·卡尔顿（Ritz Carlton）

2011 年里斯·卡尔顿完成了最新的酒店设计，酒店的第
116 层配备了世界最高的温泉，距离地面 165 米。门兹尝
试创作一款枝形吊灯和墙壁雕刻，用来衬托独特的温泉体
验，使用柔和、顺滑的自然材料配合天空般美丽的云端背
景。设计者创作除了 300 个边缘精心烧制、手工完成的精
妙手工瓷器外壳组件以外，还将它们安装在漂浮的集群中。
客人们进入温泉准备放松和恢复活力时，首先接收到的就
是枝形吊灯的问候。在温泉的另一块区域，同样的瓷器组
件被设计成了后壁雕塑。雕塑引导并邀请客人去发掘温泉
令人愉悦的特点。

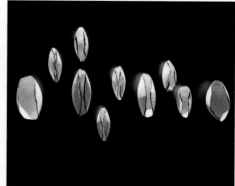

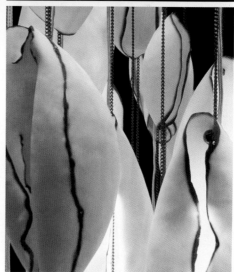

项目：M茧

设计公司：木材拉博（Woodlabo）
设计师：盖尔·维蒂耶（Gael Wuithier）

"M茧"是古老枝形吊灯的全新艺术处理，使用了高贵材料的吊灯具备了更为现代的形态。柔滑锐利的线条是"M茧"枝形吊灯的光线表达方式。使用的材料是桦木镶面板，来自芬兰实施可持续性管理法规的森林，确保手工品质一流。

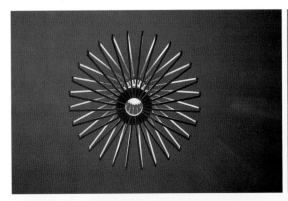
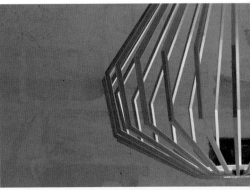

规格：M1茧，600（直径）× 1000（高）；M2茧，900（直径）× 800（高）；
材料：自然桦木胶合板。

项目：蝴蝶灯

设计公司: 汤姆·拉斐尔德设计公司 (Tom Raffield Design)
设计师: 汤姆·拉斐尔德 (Tom Raffield)
摄影: 马克·沃沃克 (Mark Wallwork)

设计的灵感来自全速飞行中蝴蝶的移动与美丽形态。在任何地方，灯具外形的遮挡都使得光线产生出的影子创造出了极富魅力的照明效果。设计在康沃尔郡手工完成，使用的材料是实施可持续性管理的森林中出产的胡桃木。

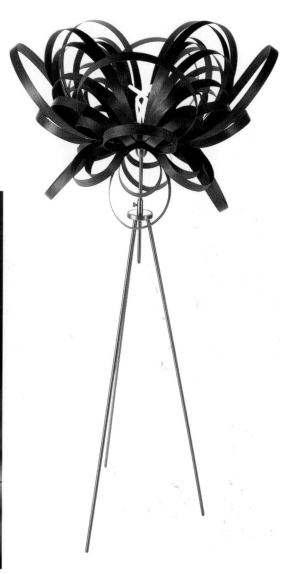

规格: 680 (直径) x 520 (高)；
材料: 可持续性资源胡桃木。

项目：亚雅

设计师：莫罗·索杜（Mauro Soddu）
摄影：拉法埃莱·瓦尔朱（Raffaele Vargiu）

意大利建筑师莫罗·索杜创作出了一款连接传统记忆与旧意大利撒丁岛女族长形象的灯具作品。萨丁女性和编织手工艺之间亲密的关系对于设计师选择羊毛作为主要材料的决定产生了重要影响。作者的目的是唤起快速现代化的社会对正在逐渐消失的祖母形象的重视。灯具有着非常简洁的薄铁结构，以5个弯曲元素为基础。框架上焊接的脊梁隐藏了9根温暖的LED组成的光源。"亚雅"的灯罩使用的材料是羊毛线，底部编织到顶部，环绕每一段的支撑系统。外部覆盖的斗篷是纯白色羊毛布料，使用花边导针法手工缝制在铁架子上。

规格：300（长）× 300（宽）× 400（高）；
材料：羊毛，铁。

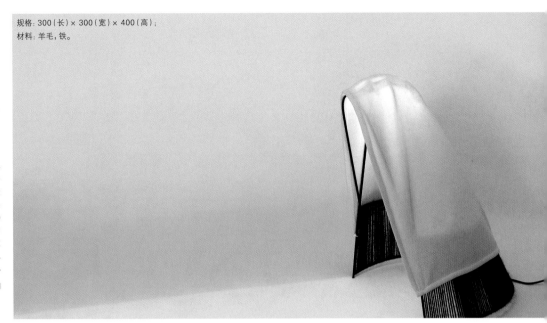

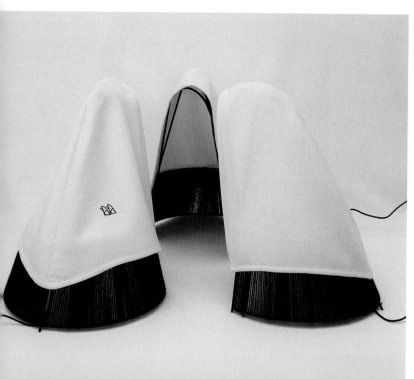

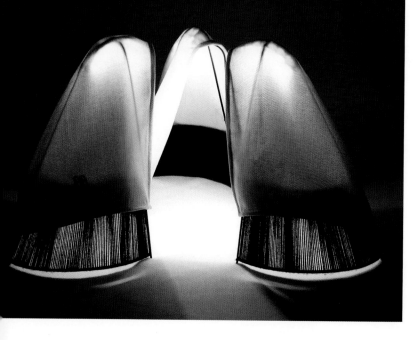

项目：落地枝形吊灯

设计公司：德罗尔设计公司（DROR）

设计师：德罗尔·本施特里特（Doro
Benshetrit）

客户：施华洛世奇（Swarovski –
Crystallized）

这件非凡的作品将枝形吊灯从天花板移到了地面。清晰的线条与6400颗施华洛世奇水晶以网格的形式编织在一起。框架开启的时候，网格转换成两条横扫的抛物线。网格本身是德罗尔的专利：无接合件的自动上锁铰链系统。四盏白炽灯安装在框架内的墙壁上，微光透过弧形水晶网时，营造出使人印象深刻的氛围。

规格：686（长）× 686（宽）× 686（高）；
材料：水晶。

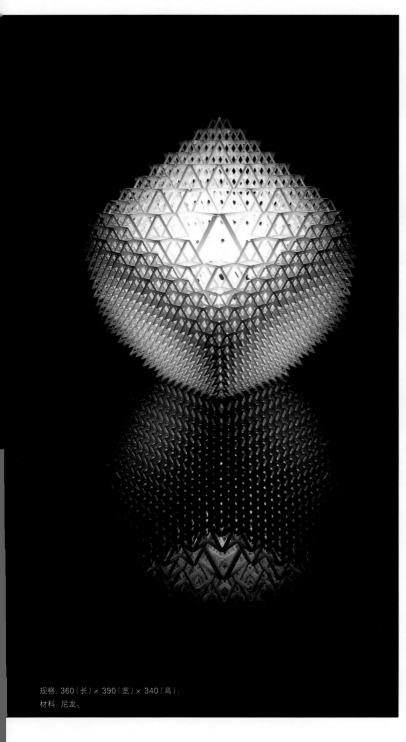

项目：MGX立方体

设计公司：德罗尔设计公司
设计师：德罗尔·本施特里特
客户：物质化（Materialise）

德罗尔将他的资质德罗尔几何学应用到了平面，立体，以及使用选区激光烧结打印技术的连锁正方形中。开始照明后，灯光在几百个正方形组成的可折叠形状中传递时产生的多种效果，使复杂形状的美丽效果得到强调和突出。光线的传播方式是：结构的中间温暖、明亮，向边缘伸展的过程中形成渐变效果，最后在边缘和立方体的角落变得清冷、黑暗。

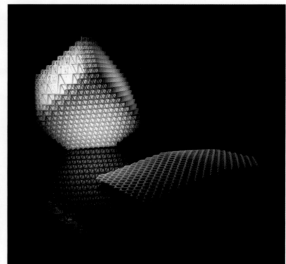

规格：360（长）× 390（宽）× 340（高）；
材料：尼龙。

项目：到戈尔韦的航班

设计公司: 伊娃·门兹设计公司（Eva Menz
　　　　　Design）
设计师: 伊娃·门兹设计团队（Eva Menz
　　　　Design Team）
摄影: G酒店（G Hotel）
客户: 埃斯帕（ESPA）

在传统意义中象征长寿、健康和财富的纸
鹤，衬托在美丽的板岩背景中。这些纸鹤
全部由手工制成并安装在一起。埃斯帕委
托门兹为酒店的温泉会所设计的这款装饰
品，使酒店获得了 2006 年欧洲最佳温泉
设计奖。

规格: 11000（长）× 5000（宽）× 5000（高）；
材料: 高密度聚乙烯合成纸，尼龙覆盖的钢丝。

项目：比诺二重奏

设计公司：伊娃·门兹设计公司
设计师：伊娃·门兹设计团队
摄影：重要先生设计公司（Mister Important Design）

白天是餐厅，夜晚则变成了舞场。这一空间需要一件半透明半真实的作品。通过光线的改变，"比诺二重奏"在白天是轻柔的装饰品，而到了夜晚则在头顶呈现出神秘的图案。这件 11 米高的作品包括 700 颗可循环玻璃制成的块状物，单独散落在舞池的上空。作品的结构模仿了正在优雅舞蹈的两片巨大花瓣。

规格：11000（长）× 5000（宽）× 3500（高）：
材料：黑色颜色玻璃，尼龙覆盖的钢丝。

项目：歌唱的泉水

设计公司: 伊娃·门兹设计公司
设计师: 伊娃·门兹设计团队
摄影: 重要先生设计公司
客户: 重要先生设计公司

"歌唱的泉水"的设计灵感来自周围的自然环
境、岩石形状和盐土荒漠的结构。设计出的
作品是这间豪华夜总会吧台上方盘旋的4000
枚手工制作的水晶玻璃制品。外部投射的光
线照亮了玻璃作品，衍生出迷人的戏剧化效
果。门兹为作品选择这一名称是参考了历史
上著名的美国内华达地区本土女性。

规格: 7000 (长) × 4000 (宽) × 2000 (高)
材料: 手工制作的玻璃, 尼龙覆盖的钢丝。

新兴的高新材料和高科技在所有设计中一直扮演着重要角色。随着科学和技术的发展，包括产品设计、家具设计、灯具设计等在内的工业设计，与现代技术和多种新研发的材料相结合，获得了革新性的迅速发展。现代生活中不难找到应用高科技的家具，以及好的手工艺又或者是独特的设计理念。这种带有令人惊奇的创意和绝妙理念的设计，一直在使我们的生活更加舒适，同时也为我们带来时代的气息。

使用人造生态材料、高科技生态材料或是创造性生态理念的作品都可以被划分到生态设计的范畴。同时，高科技、手工艺和生态之间也并不存在任何矛盾。相反，本章中包含的精彩设计，为我们展示了高科技或一些独特的生产技术生产出的家具具有怎样的生态性和创意性。

本章精选的灯具设计采用了各种现代材料和技术，或是先进的工艺，例如吹制玻璃灯、太阳能灯、节能 LED 灯、可丽耐材料制成的灯具，以及使用光致发光材料制成的节能灯，能够避免光能的损失。一些优秀设计师的有趣发明也收录在本章中。

技术与工艺

Technology & Crafts

in Lighting Design

3

100-129

项目：湿灯

设计公司: 无设计有限公司 (NONdesigns, LLC)
设计师: 斯科特·富兰克林 (Scott Franklin)，米奥·米奥 (Miao Miao)
摄影: 考伊·凯利尔 (Coy Koehler)
客户: 无设计有限公司

"湿灯"是一款优雅、诙谐的手工吹制玻璃灯系列作品，每件作品的中央都有一个迷人的被水淹没的灯泡。将裸露的灯泡放入其中不仅能够提升关注度，同时也创造出一个有魅力的简易调光开关。当薄银杆滑入水中的时候，湿灯开启并随着银杆的伸入逐渐变亮。银杆沿着硅胶垫圈平稳滑动，将电流带入水中，使灯与使用者之间产生互动。尽管存在不稳定的概念，"湿灯"是完全安全的，低电压独立系统，更换灯泡非常方便。"湿灯"使用时要谨慎对待，但使用者还是很难停下来不去玩它。

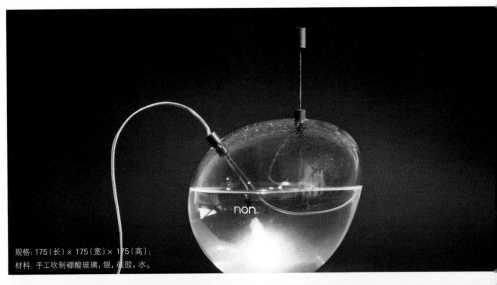

规格: 175 (长) × 175 (宽) × 175 (高);
材料: 手工吹制硼酸玻璃，银，硅胶，水。

项目：锦葵

设计公司: 艾特·拉·贝恩设计公司 (ett la benn)
设计师: 达尼罗·杜尔勒 (Danilo Dürler)
摄影: 照片设计 (diephotodesigner.de)

"锦葵"是一款系列灯具，设计灵感来自自然界中纤维素和粘胶液的特性：沾湿的海绵布构成了物体的形态，风干后变硬成模。

将这种常规材料用成型、风干的方法转换成个人设计作品，需要很高的持续性和生态环保要求，即所有物体都能够成为可使用的原料。

规格: 吊灯 (小)，150 (直径) × 240 (高)；
吊灯 (方形)，600 (长) × 600 (宽) × 450 (高)；
吊灯 (圆形)，600 (直径) × 400 (高)；
台灯 (圆形)，600 (直径) × 700 (高)；
材料: 纤维素。

项目：蓝色美德

设计师：杰伦·费尔赫芬（Jeroen Verhoeven）
摄影：巴斯·赫尔波斯（Bas Helbers），朱列塔·弗登-罗（Giulietta Verdon-Roe），皮特·马里特（Peter Mallet）

2010 年的作品"蓝色美德"的突出特点是 500 个太阳能电池板拼成的四种不同种类的蝴蝶形态。这些簇群环绕在火焰般的手工吹制玻璃灯泡周围的"蝴蝶"，尽管是静止状态，但却有扇动翅膀开始飞翔的感觉。枝形吊灯的另一个非凡元素是它就像真正的蝴蝶一样，靠阳光提高自己的体温，枝形吊灯蝴蝶的翅膀在白天吸收能量，为夜晚萦绕在周围的光线提供能量。

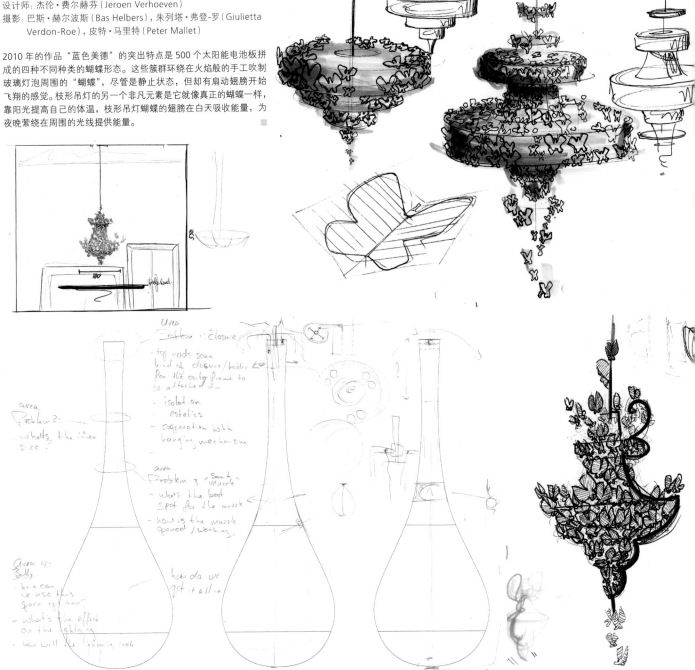

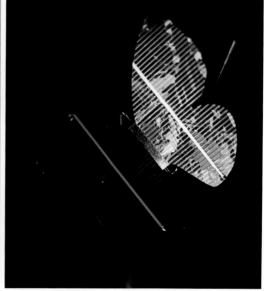

规格: 1500（长）× 1100（宽）× 1100（高）；

材料: 502块太阳能硅电池板，手工吹制玻璃灯泡，钢，铝。

项目：有须亚目生物

设计公司：马库斯·约翰逊设计工作室（Markus Johansson Design Studio）

设计师：马库斯·约翰逊（Markus Johansson）

摄影：马库斯·约翰逊

客户：马库斯·约翰逊设计工作室

在大洋深处的底部有着出人意料的经历和惊奇在等待着你，在这里似乎可以发现海洋的秘密：13只手的身体向前挥动，点亮了深处。傲慢而又胆大妄为，不用怀疑谁是这里的统治者。盘旋发光的身体迅速并愉快地穿过海底，寻找宁静与和谐。时而静止，时而鲜活，视场合和同伴而定。"有须亚目生物"是一系列灯具设计，是对先前所有关于可利耐应用范围概念的挑战。

项目：气息

设计公司：气息工作室（AURA Studio）
设计师：奥西内·德兰（Océane Delain），贝亚特丽斯·杜兰达德（Béatrice Durandard）
摄影：奥西内·德兰，贝亚特丽斯·杜兰达德

"气息"的诞生是出于对传统编织工艺的革新，以及将新型 LED 光源融入家庭的需求。已经存在了上千年的手工艺，将与 LED 光源一同缔造吊灯和壁挂式灯具作品。在编织过程中，灵活的 LED 光带取代了藤条，直接形成了作品的结构。

"气息"将要在一件作品中结合设计与手工艺，同时表达对环境和人类的敬意：设计师，客户和生产商。■

规格：墙灯，100（长）× 800（宽）× 800（高）；吊灯，150（长）× 1200（宽）× 1200（高）；
材料：LED光带，藤。

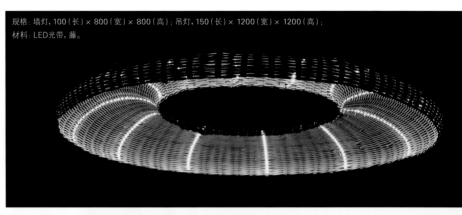

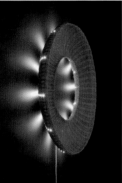

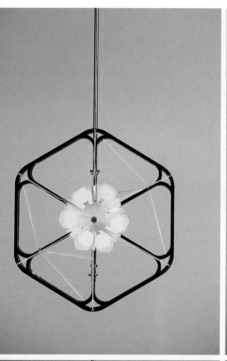

项目：美丽的早晨

设计公司：WM工作室（Studio WM）
设计师：温迪·勒格罗（Wendy Legro）
摄影：温迪·勒格罗

太阳是我们的自然光源。我们如此习惯于它的存在以致于忽略了这最基本的现象。我们的家中充斥着人造光源，用以代替太阳作为自然光源，这就不可避免地打乱了我们的生物钟。

早晨，太阳慢慢升起，这是自然母亲给我们的起床信号。我们的身体逐渐开始准备应付一天的活动。一天结束，太阳落山，窗帘拉上的同时意味着电灯要打开了。

安装了光学传感器的作品能够自如地运转。白天附在窗口架子上的花朵处于闭合状态，以便阳光进入。太阳落山后，花朵开放并开始发出光线。通过这样的方式，重要的生物钟意识会慢慢回到我们身边。

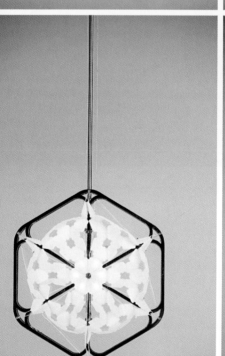

规格：150（长）× 150（宽）× 150（高）；
材料：尼龙，不锈钢。

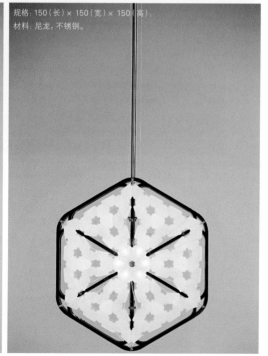

项目：涡轮机吊灯

设计师: 尼尔斯·格鲁巴克 (Niels Grubak)
摄影: 尼尔斯·格鲁巴克

"涡轮机吊灯"以全新的方式应用了 LED，并且利用了 LED 提供的可能性。

"涡轮机吊灯"的主要理念就是使用 LED，完全颠覆传统灯具的结构；将光源从灯具的中心移到外围也是可能的。

此外，LED 技术确保了更为持久的解决方案，发光二级光有着相当于传统灯丝灯泡 50 倍的使用寿命。

照明设备由铝和聚丙烯制成，可以轻松地再循环，除此之外铝业能够起到发光二级光冷却设备的作用。

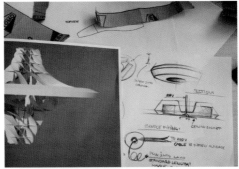

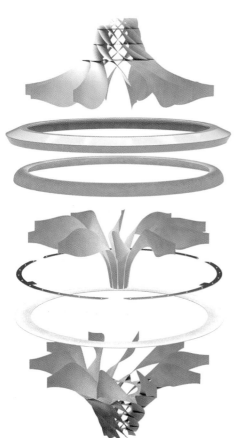

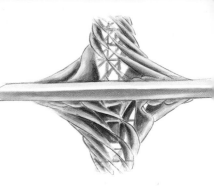

规格：420（长）× 420（宽）× 320（高）；
材料：铝，聚丙烯，LED。

项目：三重枝形吊灯

设计公司：杰森·克鲁格曼工作室与工房（Jason Krugman Studio with Fabrica）

设计师：杰森·克鲁格曼（Jason Krugman），山姆·拜伦（Sam Baron）

摄影：诺阿·卡丽娜（Noah Kalina），古斯塔沃·米隆（Gustavo Millon）

"三重枝形吊灯"是一款 LED 灯具设计，是对传统巴洛克枝形吊灯的现代诠释。超过三千枚锐聚光二极管被焊接在一起形成带状，进而组成吊灯的不同区域。三重是克鲁格曼工作室正在设计的项目之一，"有机电力"在周围谨慎的旋转以填补 LED 的内部空间。能量通过复杂排布的线路网络供给灯具。电力空间参数在最终决定作品形态的时候起着重要作用，使作品的设计收尾阶段能够具备有机性和高效性。LED 与设计的高效性结合，产生了能耗低于75 瓦，使用寿命长达 10   20 年的伟大作品。■

规格：1050（长）× 1050（宽）× 1500（高）；
材料：LED，丙烯酸，电线。

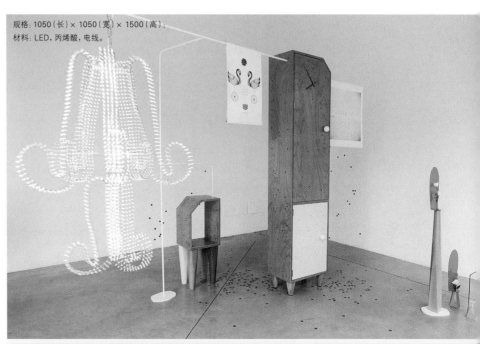

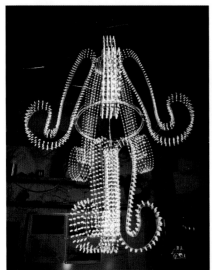

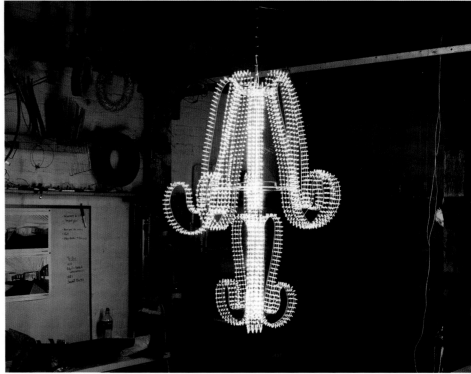

规格:180(直径)× 250(高);
材料:注塑成型塑料,太阳能电池,电子元件,LED,铝制控制杆。

项目:太阳能彩灯

设计公司:达米安·奥沙利文设计公司(Damian
　　　　　O'Sullivan Design)
设计师:达米安·奥沙利文(Damian O'Sullivan)
摄影:弗兰斯·费廷(Frans Feijen)

设计师达米安·奥沙利文为自己制定了设计太阳能灯具的任务,太阳能电池将变为构成整体设计所必需的部分。传统中国纸质彩灯以及松果的几何螺旋等自然结构,都对设计产生了影响。

本质上,设计出来的太阳能灯未必比太阳能电子集束拥有更多的内容。绑得好一点使得灯具非常独特,你看到的就是设计的本身——太阳能电池制成的太阳能灯具。

结构也保持了最小程度的改变。灯具被制成分层或王冠等注塑成型的形状。每顶王冠承载6片(朝向太阳)太阳能电池,电池彼此堆叠。每顶王冠都做了与水平方向成30度角的移动(太阳能电池的总数是30)。

这样最终形成了圆形的有机形状,它能够放置在户外的任何地方,保证作品总是能够捕捉到阳光中的射线。太阳能电池连接LED,这些电池也可以通过充电电池组补充能量。顶端简单的控制,就能够将灯具轻松地从花园移到屋子里,或是挂在树上。

使用这项技术创作一些美丽东西的渴望也许并不让人感觉惊奇。米安在非常小的年纪就开始接触太阳能电池了,他的父亲是负责欧洲空间代理卫星能量供给的空间工程师。他将儿时的好奇从空间技术带到了地面,融入了他的太阳能彩灯设计中。■

项目：精彩收藏品

设计公司：尼斯托尔，尼斯托尔（nistor&nistor）
设计师：格拉迪斯（Gladys），加布里埃尔·尼斯
托尔（Gabriel Nistor）
摄影：沃拉姆·莱西德（Voram Reshed）

这款模块构成的不断变化的灯具中，每个模块都
能够做 360 度旋转。这种革新的理念被作者称为
"进化设计"，能够产生充满活力的创意，创造出
确定范围的形式和形状。

格拉迪斯·尼斯托尔说，"'进化设计'背后的理
念是为了将顽皮的元素引入作品中，作为邀请您
共同玩耍的请柬并重新塑造灯具，以启发您的需
求。""线条的灵感来自 MAD 建筑师马岩松的作
品'城市弗雷斯'中同心失衡的概念，结合了可
可香奈儿 5 号香水简洁的优雅，或是总体艺术装
饰设计中的经典平滑　　"格拉迪斯笑着说。

"我们也在寻找一种物体，能够对更为持久的生活
方式做出贡献，同时增强现有设计的感染力和使
用寿命。"加布里埃尔·尼斯托尔说，"作品与人
交流时间越长，带给人的惊喜越多，人们就越想
保留它，这样就降低了浪费和能源消耗。""同样
的概念"，加布里埃尔继续说道，"我们试图寻找
一种'少即是多'的解决方式来实现设计元素数
量的最小化，以不定的可能性范围增强作品的吸
引力。"

项目：四季

设计公司：乔迪·米拉·巴塞罗那设计公司
（Jordi Milà Barcelona）
设计师：乔迪·米拉（Jordi Milà）

这款作品的每一面代表着一年中四个季节之
一，四个季节中光线穿过的方式完全不同。

简单用手触摸就能将它转动，了解自己房
间的光线状况。你可以选择紧凑版本或是
高音版本，以及不同的金属部件喷漆，采
用军用金属或缎面处理。

项目：蘑菇灯

设计师：安德烈斯·科瓦莱夫斯基（Andreas Kowalewski）
摄影：安德烈斯·科瓦莱夫斯基

自然灵感触发的"蘑菇灯"作品使用的材料是尼龙网，通过特殊的胶水技术黏合在一起。每款灯具轮廓都具有非常规的造型，逐步展示树木一样的生长过程，并揭示出生长过程中不完美的地方。照明结构营造出独特神秘的光线效果。作为实验性研发设计，该灯具并不以商业运作为目的——尽管它们是现成可用的限量版，有三种规格和几种颜色。灯具的设计更多依靠的是直觉，而不是以商业目的作为出发点；主要关注的是结构和生产过程。

规格：特大，360（直径）× 1220（高）；大，300（直径）× 750（高）；小，210（直径）× 450（高）；材料：网带。

项目：变种枝形吊灯

设计公司：瓦西莱斯卡设计公司
（Wasielewska）
设计师：阿莉恰·瓦西莱斯卡（Alicja
Wasielewska）
摄影：阿莉恰·瓦西莱斯卡

"变种枝形吊灯"是使用 LED 技术创作出的
节能灯具设计。设计理念的灵感主要来自自
然界中不拘一格的形态变化。"变种枝形吊
灯"唤起了人们对自然界中形态学发展的动
态方面的联想。

设计基于重复形式转变的起源，该现象是由
随机照射线条引起的。从基本材料方面来
说，设计通过一系列灵活的纤维光学精妙操
控，来表现枝形吊灯的独特性。这是一种实
验性的、自由流动的光学系统。从结构方面
来说，"变种枝形吊灯"重新诠释了制作枝
形吊灯的传统法则。编织或钩针编织等传统
技术也应用到了设计中，当然是在适应 LED
纤维技术的前提下。该技术提供了结构支持
和照明。这样"编织空间结构"的整体构造
就变成了光源供给。所以光线通过纤维传播，
同时界定了结构框架。

规格：1000（长）× 1000（宽）× 1000（高）；
材料：光学纤维。

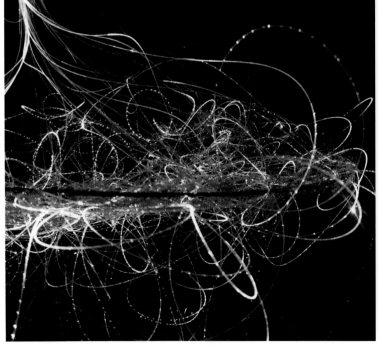

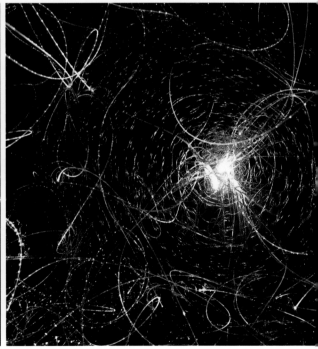

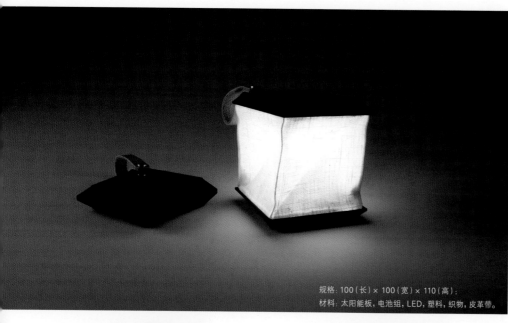

项目：灵魂电池

设计师: 杰斯珀·琼森 (Jesper Jonsson)
摄影: 杰斯珀·琼森

电池能源能够让我们在没有现存能量供给的情况下得到能量。通过光电池和照明技术的结合，我们能够创造出真正便于携带的照明方式。

白天电灯处于充电状态，当黑夜来临，太阳能为电灯提供能源照明。通过扭转的方式打开灯罩，点亮电灯。这样使得电灯体积更小，更便于携带，但需要的时候仍然能够有较大的表面来发光。无论开启还是关闭，磁铁扣的设计使你能够用许多不同的方式悬挂它。

设计的目的是在户外提供照明，太阳下山以后仍然可以继续户外的社交活动。比如在阳台、船上或者挂在自行车的手把上来次野餐。

规格: 100 (长) × 100 (宽) × 110 (高);
材料: 太阳能板,电池组, LED, 塑料, 织物, 皮革带。

项目：故事灯

设计公司：艾达·诺埃米（Ida Noemi），维贝
克·斯卡工作室（Studio Vibeke Skar）
设计师：艾达·诺埃米（Ida Noemi），维贝
克·斯卡（Vibeke Skar）
摄影：卡贾·布鲁斯克兰德（Kaja Bruskeland）
客户：主题（Leitmotiv）

"故事灯"的灵感来自斯堪的纳维亚的传统，以
及冬天寒冷的天气和温暖的服装与家的对比。故
事营造出魔幻而温暖的氛围，就像是从神秘夜
森林中直接走出来的巨人或是其他虚幻的生物。
编织羊毛衫的样式，与冰柱融化的形态一同创造
出优雅的外观。粗糙的表面和半透明的浮雕表现
了瓷器最完美的时刻；手工生产混合现代工艺使
这款灯独具特色，且更为个性化。

规格：200（直径）× 350（高）；
材料：无釉瓷器。

项目：菊花装饰

设计公司：诺米莉（NOMILI）
设计师：迈克尔·扬瑟·范·维伦博士（Dr. Michaella Janse van Vuuren）
摄影：迈克尔·扬瑟·范·维伦博士

"菊花装饰"是一款多功能设计，既可以用作碗，也可以用作蜡烛支架，功能取决于设计的哪一面朝上。装饰反映了设计师对于自然界中结构、形状和样式的热情。设计师尤其喜欢诠释那些如同数学上的反复效果的图案。

产品使用立体喷涂技术生产，用这种工艺每生产作品的一层，只需消耗必要数量的材料。余下的材料进入再循环，生产下一幅喷涂作品。立体喷涂可以满足世界上任何地方的生产需求。这种技术支持小体积和本地化生产，可进一步减少浪费，降低昂贵的交通费以及传统工艺中对于工具的成本要求。

该生产方法允许设计师设计复杂精美的结构和作品。这些结构和作品用手工是基本不可能制作出来的，但装饰品仍然保留着自然物品的美丽和质感。当材料用作生产时，菊花会从内部点亮，有节奏的光影反复使这里充满魔幻色彩。

菊花直接使用精选的烧结 PA2000 聚酰胺材料制成。茶色 LED 为装饰品提供照明。

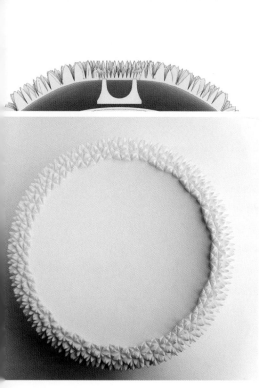

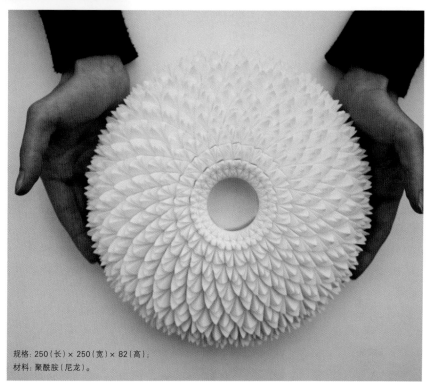

规格：250（长）× 250（宽）× 82（高）；
材料：聚酰胺（尼龙）。

项目：灯塔

设计公司：艾达·诺埃米（Ida Noemi），维贝克·斯卡工作室（Studio Vibeke Skar）
设计师：艾达·诺埃米，维贝克·斯卡（Vibeke Skar）
摄影：艾达·诺埃米，维贝克·斯卡

作品的名字在挪威语中的意思是"灯塔"，从很久以前灯塔就帮助水手们寻找回家的路。以海岸线上众多灯塔为灵感，"灯塔"就是黑暗中引导你的温暖火焰。台灯衍生出两个版本，经典版本的整体是玻璃制成的，开放版本顶端是玻璃，底座使用的材料是可丽耐。这样的独立设计方便存取蜡烛。

规格：210（直径）× 250（高）；
材料：玻璃，可丽耐。

规格:500~1400（长）×420（宽）×1600~2200（高）；
材料:光滑的光油铝。

项目：弓道

设计公司: 汉斯和弗朗茨（Hansandfranz）
设计师: 康斯坦丁·兰度里斯（Konstantin Landuris），
　　　　郝思特·威特曼（Horst Wittmann）
摄影: 坤达里尼（Kundalini）
客户: 坤达里尼

汉斯和弗朗茨出品的这款灯具作品灵感源自古老的日本箭术艺术。薄而灵活的弧形灯设计传达出优雅、平衡和谐。"弓道"的创意来自两位年轻的天才德国设计师，康斯坦丁·兰度里斯和郝思特·威特曼——来自汉斯和弗朗茨公司，他们与坤达里尼一同分享这一设计。"弓道"对于空间和解决方法来说，是极为非常规的方式。

"弓道"字面上的意思就是"弓的路"，源于有着千年历史深深植根禅宗的哲学，它与西方的唯物主义观点完全相悖。设计者将古老的传统文化与哲学理念融入设计，运用现代高科技手段与先进的材料，最终打造出这款极富创意的作品。LED技术沿着灯具结构中两道弓背的其中一道，创造出光带。灯和光线都在弓背的滑动中得到了增强。光线能够根据使用者的喜好进行调节。

"弓道"能够非常容易地使用在不同环境中：阅读、放松、欢宴。安装在"弓道"上的LED带质量非常好，低电压，使用寿命长，能够有效节能。框架的制作材料是铝，高度耐用的材料，能够多次再循环而不损失内在性能。

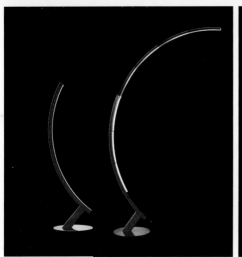

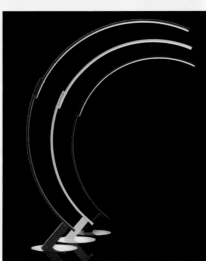

项目：存在的明亮度

设计公司: 佩佩·海库普庭院工作室 (Courtesy of Studio Pepe Heykoop)
设计师: 佩佩·海库普 (Pepe Heykoop)
摄影: 佩佩·海库普庭院工作室

"存在的明亮度" 是一款巨大而灵活的落地灯。尽管外表看起来像是爱丽丝从仙境带回来的巨大童话花朵，但灯的内部充满了技术气息。想要关灯的时候，慢慢将毛毡拉过茎干，花朵就和灯一起关闭了，灯的移动依据花朵对光线的反应。看起来花像是从来不移动，当拍成时间流逝的影片时，你就会发现它们会随着太阳做很多移动。当光线只从侧面进入时，植物会以令人惊叹的方式生长，这款 3.5 米高的灯也可以。这款灯不采用任何技术性观察就能够找到自己的确切位置。底座上限为 75 千克，茎干重量仅为 0.7 千克。请注意这只是作品总重量的 1%。

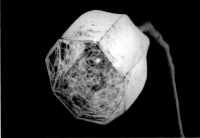

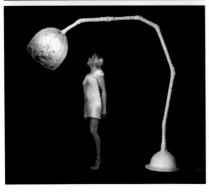

规格: 400 (直径) × 3500 (高);
材料: 金属，碳，橡胶，毛毡。

项目：哈雷

设计公司：维比亚（Vibia）
设计师：乔迪·比拉德利（Jordy Vilardell），梅里特克赛尔·维达尔（Meritxell Vidal）
摄影：费伦·瓦尔（Ferran Val），阿尔伯特·丰特（Albert Font）

乔迪·比拉德利与梅里特克赛尔·维达尔设计的"哈雷"，实现了高敏感度、高科技和杰出功能性的组合。"哈雷"在视觉上看起来十分轻便，隐藏了高科技光源，符合最高质量标准。"哈雷"系统符合IP64，保证了防水性。扩散配置包括一盏LED灯带，通过光线的完美散步营造出引人注目的效果。

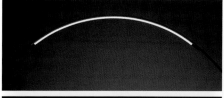

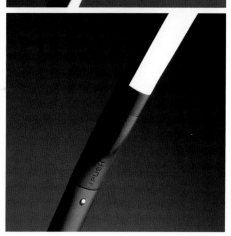

规格：2520（宽）× 2000（高）；左侧地下室，350（宽）；右侧地下室，500（宽）；
材料：聚碳酸酯扩散器。

项目：困境灯

设计师: 吉奥纳塔·加托 (Gionata Gatto)，麦克·汤普森
（Mike Thompson）

摄影: 吉奥纳塔·加托

"困境灯"是吉奥纳塔·加托和麦克·汤普森令人兴奋的合
作作品，它提出了一种灯具设计全新方法。"困境灯"通过
使用荧光颜料来捕捉逃窜的光线，将原本会浪费的能量转
化为可见光。

荧光是一种能够通过某种物质吸收能量，并逐渐释放光能
的事物。设计师使用穆拉诺玻璃吹制技术，将荧光颜料嵌
入灯具的玻璃躯干中。经过这一工序后，"困境灯"既是灯
罩又是光源，可以发光、吸收，然后再发光。只要从传统
白炽灯或 LED 灯泡发出的可循环光线中"充能"30 分钟，
就能够支持环境照明 8 小时。

设计师解释说有了"困境灯"，通过使用最新的技术，结合
传统生产方式和现有材料，他们能够创作出精美的新型灯
具，同时能够产生最多的光能。

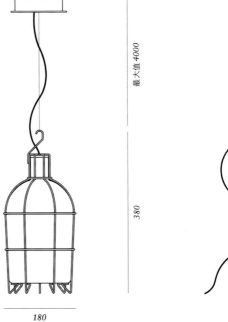

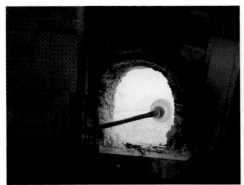

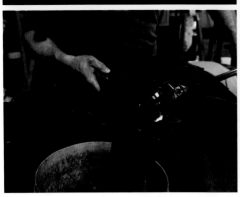

项目：变形虫

设计公司：维比亚（Vibia）
设计师：皮特·桑斯（Pete Sans）
摄影：费伦·瓦尔（Ferran Val），阿尔伯特·丰特
（Albert Font）

"变形虫"这种新的吊灯理念能够适应任何空间、需求和偏好。由5种不同形状构成，能够以无限的方式进行组合。颇具威望的美国杂志《室内设计》，在年度最佳奖励中收录了维比亚的皮特·桑斯设计的"变形虫"，作为2009年度的最佳吊灯。同时，"变形虫"也是国际室内设计协会颁发的酒店设计奖的优胜者。

规格：670（长）×450（宽）×280（高）；
材料：丙烯酸扩散器。

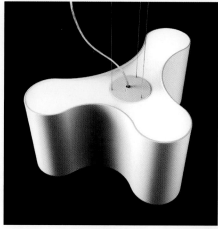
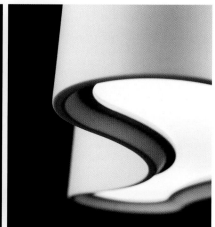

项目：光之领域

设计师：布鲁斯·芒罗（Bruce Munro）
摄影：马克·皮克索尔（Mark Pickthall）

"光之领域"由6000根丙烯酸杆组成，光学纤维缆绳通过这些杆来运转，每个冠状物体中都有一个清晰玻璃球体。"光之领域"就像一根巨大的超现实香蕉，是遗留在自然界中的外星装置。像沙漠中饥渴的种子在祈盼雨水，雕塑般的光学纤维茎干静静地躺在那里等待黑暗的降临。在星星织就的炽烈毛毡下，茎干踩着光线，以温柔的节奏次第开放。"光之领域"使用了如LED投影仪和光学纤维组件之类的可循环材料和低能耗光源。

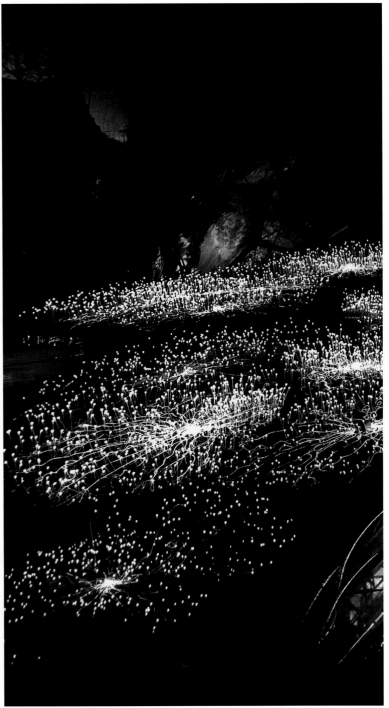

项目：沙丘

设计公司：罗斯加尔德工作室（Studio Roosegaarde）
设计师：丹·罗斯加尔德（Daan Roosegaarde）
摄影：罗斯加尔德工作室
客户：鹿特丹CBK艺术中心（CBK Rotterdam）

"沙丘"是一幅与人类行为互动的交互风景。自然与现有科技的混合使得作品能够根据声音和过路者的情绪来调节亮度。

最新的版本布满了上百个互动光线和声音。"沙丘"以未来派与城市关系的角度研究自然，方式主要有观察、散步和互动。

规格：60000（长）× 2000（宽）× 1000（高）；
材料：上百个纤维，LED，传感器，扬声器，交互软件和电子元件；多变的面积，最大可达400米。

项目：莲花7.0

设计公司：罗斯加尔德工作室
设计师：丹·罗斯加尔德
摄影：罗斯加尔德工作室

"莲花 7.0" 是由精巧的金属薄片制成的活动墙壁，能够根据人的行为开闭。沿着 "莲花" 散步，成百上千的铝制金属薄片以有机的形式展现自己；在私人和公共之间生成透明的空隙。经过 "莲花"，传统墙壁变得无关紧要，都要为空间和人以及诗一般的变形让路。

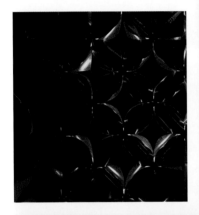

规格：4000（长）× 500（宽）× 2000（高）；
材料：带有成百上千精巧金属薄片的弧形墙壁，灯，传感器，软件和其他媒体。

规格: 300 (长) × 300 (宽) × 1000 (高);
材料: 模塑管, LED, 电子元件, 语音感应器和软件。

项目: 月球

设计公司: 罗斯加尔德工作室
设计师: 丹·罗斯加尔德
摄影: 罗斯加尔德工作室
客户: 布雷达GGZ精神健康护理中心 (Mental Health Care GGz Breda)

"月球"是交互式艺术品, 突出展现了一系列安放在荷兰 GGZ 精神健康护理中心的交互式照明设备。设计采用 LED 和互动技术, 设计这些物体的初衷是"回到生活", 通过感知小朋友的触摸发出声音和色彩。通过阻隔现有建筑, "月球"在小朋友和他们的治疗以及建筑之间创造出了非正式的游戏方式。

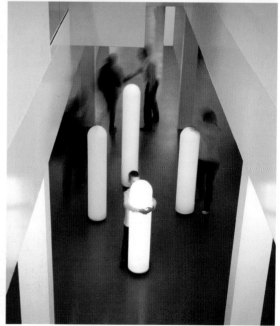

Eco. Style in Lighting Design

生态设计作为一种产品设计方式，要特别考虑产品生命周期全过程对于环境的影响。除前面章节介绍的在家具设计中使用循环利用材料、天然材质以及新技术以外，还有多种方式可以实现生态设计。

举个例子，使用当地材料，这不仅可以节约预算，而且能够减少运输过程带来的能源消耗和二氧化碳排放。这在很大程度上体现设计师的环保意识和精神。

更进一步而言，选择经认证的绿色材料，如森林管理委员会（FSC）或泛欧森林认证委员会认可的环保森林中生产的木材，对安全来说不失为一种合适的选择。

此外，"被动式节能"、"自我可持续性循环"、"低成本"、"减少垃圾排放"等理念也是实现环保设计的重要途径。

其他

Others

in Lighting Design

4

132-151

项目：倾斜桌灯

设计公司：lokolo公司（lokolo）
设计师：乔纳森·马库斯（Jonathan Markus），萨姆·刘（Sam Liu）
摄影：lokolo公司

这一产品的环保理念体现在本土制造和按需生产上。同批量生产相比（利用偏远地区的廉价劳动力和原材料生产），本土制造不仅可以减少碳排放，更能促进当地制造业经济的发展。

规格：180（长）×170（宽）×160（高）；
材料：混凝土，纤维电缆。

项目："天然"灯

设计公司: 法果设计（Fargo Design）
设计师: 迈克尔·法果（Michal Fargo）
摄影: 斯维特兰娜·尤尔申科（Svetlana Yorchenko），里兰·费雪（Liran Fisher）

如今关于全球变暖等环境问题得到越来越多的关注，并成为当下设计精神的指导原则以及环保设计兴起的根源。照明领域发生了重大的变化，环保灯具被大量运用。"天然"灯由陶瓷材质打造，采用老式风格的灯罩造型以及简约的灯泡组成。迈克尔·法果，作为一名生活在快速发展的世界中的设计师，错过了很多成长过程中需经历的事情，而这些与现在的生活似乎毫无关联。"天然"灯在环保灯泡和怀旧灯罩之间建立了一种新的平衡。灯罩上饰有石膏材质的山脊造型图案，其成为整个结构的重要部分，且可避免陶瓷发生变形。

规格: 130（直径）× 180（高）;
材料: 浇铸陶瓷。

项目：蘑菇灯

设计公司: h220430
摄影: h220430

美国和苏联冷战后期，核武器危机似乎暂时告一段落。然而，冷战结束之后，还有一些国家仍然继续生产核武器。核电站的数量一直在增加，核战争危机依然存在。据悉目前核武器的数量达 23000 之多，足以毁灭地球数次。在这种情况下，若要实现"无核世界"的目标，我们能做的就是关注交流、加深理解、坚决倡导取消核武器。

我们乐于制造一个催化剂，将蘑菇灯应用到日常生活中，借以点亮那些向往世界和平的人们的心。

规格: 420（宽）× 450（高）× 420（深）；
材料: 玻璃纤维增强塑料，LED灯。

规格：桌灯，200（长）× 200（宽）× 450（高）；立灯，640（长）× 400（宽）× 1600（高）；
吊灯，600（直径）× 300（宽）；
材料：铝，橡胶管，LED灯。

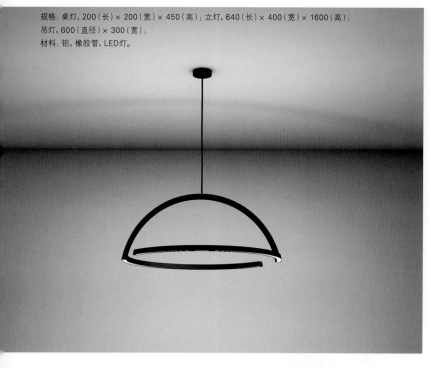

项目：二维LED灯

设计公司：DING3000产品设计公司（DING3000）
设计师：斯文·鲁道夫（Sven Rudolph）、拉尔夫·韦伯曼（Ralf
　　　　Webermann），卡斯滕·谢林（Carsten Schelling）
摄影：Skitsch品牌台灯设计公司（SKITSCH）
客户：Skitsch品牌台灯设计公司

"二维LED灯"的设计灵感源于建筑造型灯饰的手绘图案。现代
LED技术的应用使得灯体变得越来越薄，从而呈现出线条感十足
的造型，灯座内的金属皮软管可以调节方向。"二维LED灯"分
为桌灯和立灯两种，2011年又增加了吊灯款式。

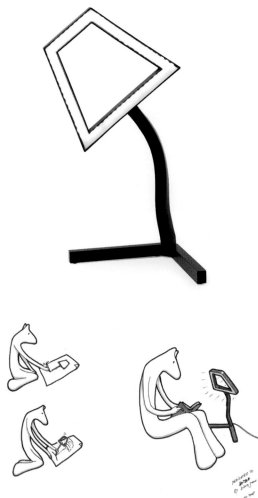

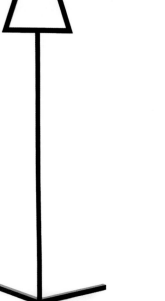

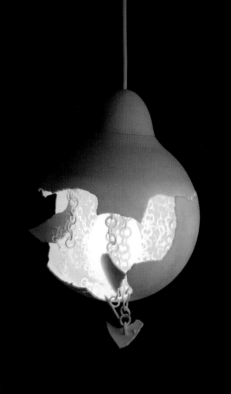

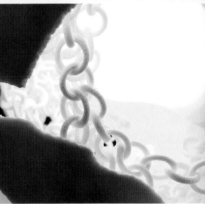

项目：一瞬

设计公司：弗蕾亚公司（Freyja）
设计师：弗蕾亚·塞莱尔（Freyja Sewell）
摄影：弗蕾亚·塞莱尔

"Ichi-Go Ichi-I"是一句日本谚语，译为"一期一会"，意味着人生中那些转瞬即逝的美好一刻。"一瞬"最初呈现封闭的球体形状，需用力捏碎而后可成为一个实用的灯饰，碎片通过球体内的链条悬垂下来。球体被捏碎的一瞬成为永远的记忆，因为根据力度和角度的不同，每次都会呈现出不同的样式。这一时刻会被牢牢地记住，而且不会以同种方式再次发生，正犹如我们生活中的某个瞬间。

规格：180（长）× 180（宽）× 220（高）；
材料：Z-corp石膏。

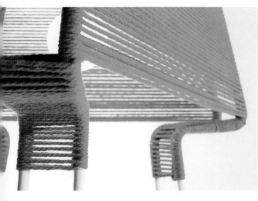

项目：苜蓿灯

设计公司：Mut设计公司（Mut Design）
设计师：阿尔伯特·桑切斯（Alberto Sánchez）
摄影：Syncro摄影工作室（Syncro Fotografia）
客户：Mut工作室（Mut Shop）

锌粉喷饰的钢体结构与不同色彩的环保线绳组合在一起，形成了独特的灯饰。由于设计者热衷环保理念，因此天然成了这款作品主要的设计灵感。这一系列灯饰深受苜蓿草样式的影响，三个相同的结构通过彩色线绳围合起来，可以根据需要定制，颜色自选。灯饰可以应用到不同的背景中，光线透过线绳的缝隙透射出来，投射的影子彰显出平面图案特有的美感。■

规格：蓝色，500（长）× 500（宽）× 1600（高）；橙色，300（长）× 300（宽）× 500（高）；
材料：线绳，钢。

项目：小鸭灯

设计师：塞巴斯蒂安·埃拉苏里斯
（Sebastian Errazuriz）
摄影：塞巴斯蒂安·埃拉苏里斯

扭断脖子的小鸭子是从古老动物标本博
物馆的垃圾箱里找到的，重造之后被赋
予了新的生命并成为经典的象征。小鸭
灯由纽约艺术家及设计师塞巴斯蒂安·埃
拉苏里斯打造，怪诞而不乏趣味和美感，
诠释出艺术与设计的装饰性和功能性之
间的界限。

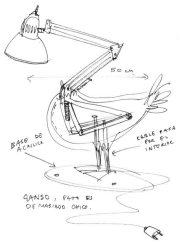

项目：外星小天使

设计公司：古格里尔莫·贝尔基奇工作室（Studio Guglielmo Berchicci）
设计师：古格里尔莫·贝尔基奇（Guglielmo Berchicci）
摄影：Kundalini灯具设计公司（Kundalini）
客户：Kundalini灯具设计公司

"外星小天使"出自古格里尔莫·贝尔基奇之手。灯罩采用环保纤维玻璃（持
久耐用并可循环利用）手工制作，内里则由金属结构打造。

规格：340（长）× 250（宽）× 450（高）；
材料：环保纤维玻璃，金属。

规格：300（长）× 300（宽）× 300（高）；
材料：PVC（聚氯乙烯）材料。

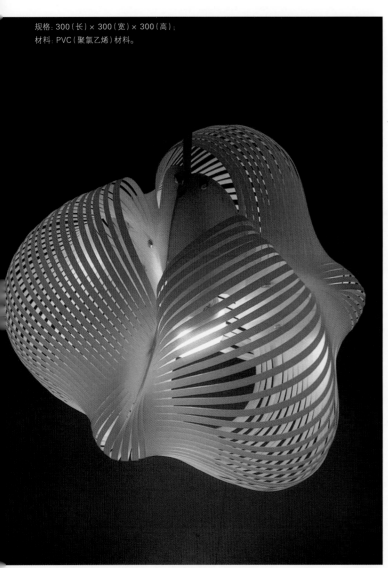

项目：自组吊灯

设计公司：米罗斯设计公司（Milos Design）
设计师：米罗斯·约万诺维奇（Milos Jovanovic）
摄影：米罗斯·约万诺维奇

这是一款标准的吊灯，现代风格的造型与环保材质结合在一起适应时代潮流。灯饰体现出设计师对于天然质地、形状和样式的挚爱。巧妙的设计使得使用者可以按照提示自行组装。灯饰由 PVC（聚氯乙烯）材料打造而成，共包括 6 个组成部分，展开之后，其规格不超过一张 A4 纸，因此可有效地节约运输费用。

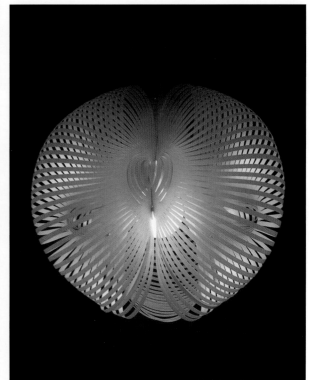

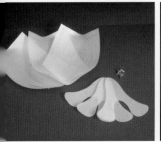

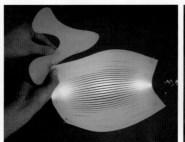

项目：自由之光

设计公司: 丹尼·郭（Danny Kuo）
设计师: 丹尼·郭
摄影: 托马斯·普利金（Thomas Pleeging）、巴斯·凡·德·维尔（Bas van der Veer）

照明产业的发展改变了灯具的设计方式，LED 与 OLED（有机 LED）技术因其可持续发展的特色而被广泛应用。新技术为灯具的发展带来了自由性、多样性以及可变性。"自由之光"强调动感，并能够在多种环境中应用。灯的角度可实现 180°调节，通过调光器可随时调整光的强度。灵活的个性使其可以在空间的不同背景下使用。

规格: 650（长）× 650（宽）× 500（高）;
材料: 聚苯乙烯，铝，钢。

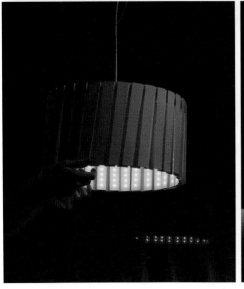

项目：灯伴

设计公司：兰扎韦基亚 + 瓦伊设计工作室
　　　　　（Lanzavecchia + Wai Design Studio）
设计师：弗朗塞斯卡·兰扎韦基亚（Francesca
　　　　Lanzavecchia）
摄影：大卫·法拉拜戈里（Davide Farabegoli）

电能可以成为人类的"同伴"吗？"灯伴"完全
具备这样的功能，既是柔软的枕头，又可散发热
量、发光并成为"伴侣"。不同的规格可以提供
不同使用者所需的热量，同时作为可拥抱和依靠
的"伴侣"。

规格：1000　3000（长）；
材料：羊毛，弹力网。

项目：怪物秀

设计师：库伯·辛（Kobo Sin）
摄影：库伯·辛

这款设计的主题即为"探索人类与自然的关系"。我们逐渐与自然失去了联系，这一项的目的就是将自然中不被需要和不曾使用的部分融入到产品中，借以惊醒人们，使自然重返人类的思想世界。

将动物界中被摒弃或被忽略的元素运用到整个系列的家具和灯饰中，结果就打造了一套怪诞的灯具和一张咖啡桌，既引人注目又让人敬畏。其风格简约，旨在突出自然元素。

规格: 230（长）× 230（宽）× 410（高）;
材料: 酒精, 鼠, 蜈蚣, 蛇, 罐子。

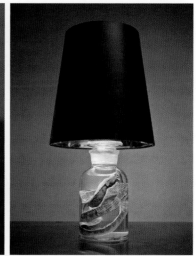

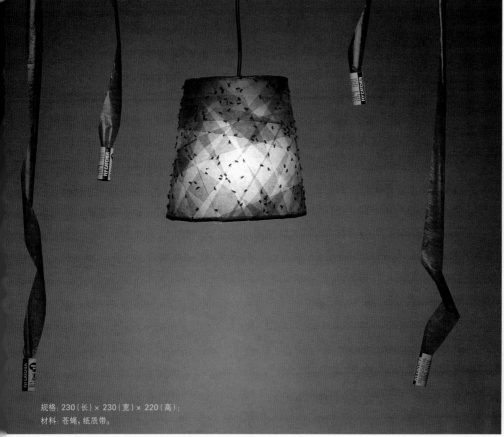

规格: 230（长）× 230（宽）× 220（高）;
材料: 苍蝇, 纸质带。

规格：450（长）× 450（宽）× 290（高）；
材料：牛骨，树脂，木材。

规格：190（长）× 190（宽）× 300（高
材料：动物骨头、罐子。

规格：160（长）× 160（宽）× 200（高）；
材料：网膜，肠子，竹框。

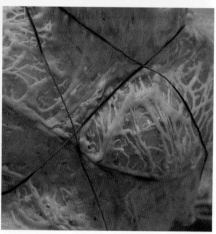

项目：光

设计公司: UXUS照明设计公司（UXUS）
设计师: UXUS照明设计公司
生产商: 赛特公司（The Set Company）
摄影: 蒂姆·鲍尔萨姆（Dim Balsem）

这一灯饰的灵感源于 UXUS 照明设计公司的"没那么脆弱"
（Not So Fragile）系列，以"重新定位家具设计"为主要指引原则。这一理念将使用者和设计师的角色互换，由使用者提出产品的形态，设计师根据要求提供原材料。"光"的首秀是在爱因霍温的荷兰设计周（10 月 22 日至 30 日）上，将框架组装到固定的位置上，然后用橘色尼龙绳"捆绑"起来，从而形成了一个灯罩。每件作品都是使用者的品味和感觉的独特诠释，收集在一起就构成一个彰显个性的系列。

规格: L型号 600（长）× 400（宽）× 400（高）; S型号 480（长）× 320（宽）× 320（深）;
材料: 未经加工的山毛榉木，橘色包装带。

项目：光画

设计师：斯蒂芬·科纳普（Stephen Knapp）
摄影：斯蒂芬·科纳普

作为一名艺术家，斯蒂芬·科纳普从事与光相关的艺术创作 30 多年。"光画"灵感源于他对于光、色彩、空间与感知等方面的研究，并被称为"21 世纪第一个全新的艺术手段"。"光画"由灯、钢化玻璃、不锈钢灯架构成，犹如抽象的画作、雕塑品和新技术的合成品。

项目：风暴

设计师：坦娅·克拉克（Tanya Clarke）
摄影：莉莎·吉佳拉（Lisa Gizara）

坦娅·克拉克正在设计中的"液体之光"系列将艺术、功能与环保意识融合在一起，营造出一种视觉提醒，提醒我们水是宝贵的资源，需要人类去保护。LED灯、回收铜材质、抛光钢管等组装在一起，实现了"零碳排放"。 ■

规格：597（长）× 254（宽）；
材料：手工制作玻璃珠、LED灯、回收铜材质和抛光钢管、回收压力计、黑木。

规格: 520（长）× 450（宽）× 290（高）；
材料: 钢，莱卡纤维，电子元件。

项目：帐篷灯

设计师: 克劳迪奥·西加罗（Cláudio Cigarro）

摄影: 克劳迪奥·西加罗

"帐篷灯"是一款基于构架和帐篷面料的灯。尤其到了晚上，灯在内部发亮时，可以清楚地看见构架的阴影。这个设计由一个几何结构框架、内部照明灯具和尼龙灯罩组成。外部面料会根据灯具的不同形式而发生变化，且可方便地更换、清洗。内部灯具上有一层色胶，为使用者提供了多变的视觉体验。

灯具有时并不具备什么吸引力，但"帐篷灯"却使照明成为了一件引人注目的事情。顶部柔和的褶皱设计以及变换色彩（紫色和绿色）的角状造型让灯具本身就构成了一道风景。

"帐篷灯"的环保性体现在易于拆除、清洗与组装，功能性则表现为持久耐用。灯体本身可满足其他用途，进一步体现环保理念。

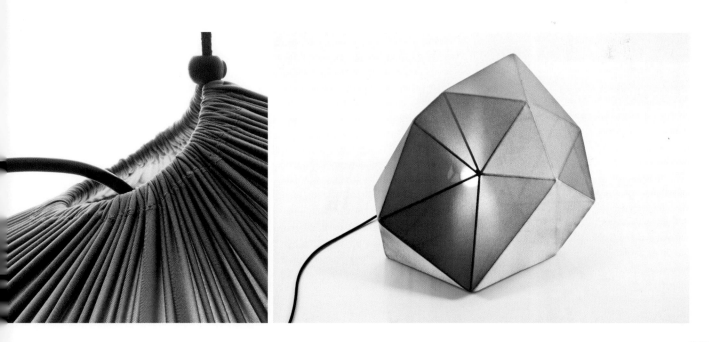

项目：蕾丝灯

设计师：瓦拉迪默·尤索赛维
　　　　（Vladimir Usoltsev）
摄影：瓦拉迪默·尤索赛维
客户：索尔斯坦·凡·埃尔坦
　　　（Thorsten Van Elten）

这一简约的灯饰是为伦敦设计师和店主索尔斯坦·凡·埃尔坦打造的，理念为设计一件独特并带有浓郁手工气息的作品，并在其放置环境中营造温馨氛围。设计颠覆了长筒袜的形象，将其作为灯罩，光线透过精美的蕾丝图案透射出来，模糊了功能与艺术之间的界限。

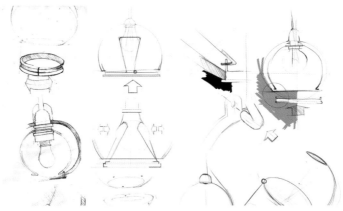

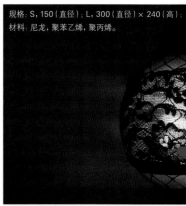

规格：S，150（直径）；L，300（直径）× 240（高）；
材料：尼龙，聚苯乙烯，聚丙烯。

项目：色彩的神秘

设计师：丹尼斯·帕伦（Dennis Parren）
摄影：丹尼斯·帕伦、VIVID画室（Galerie VIVID）

这是一款彩色灯饰。不能说灯饰下方的椅子是红色的，因为椅子只是在吸收绿光和蓝光的同时反射出红色的光线。可以说，光让整个世界有了色彩。这款灯饰就是以"光的神秘性"为理念，通过光反射在天花上形成青色、品红和黄色的网线状结构实现设计效果。

设计并不是为了彰显如何和为何达到这种效果，而是为了展示光是颜色的"领导者"。LED 技术的发展使得照明领域发生了很大的变化，出色的品质更促使其被广泛应用。设计师正是受到这些独特品质的启发，展示光的原色与合成色之间的转换。

规格：520（长）× 520（宽）× 650（高）；
材料：铝、节能灯。

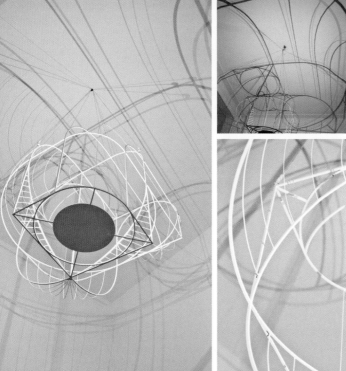

设计师名录

艾莉雅·瓦西莱夫莱斯基（Alicja Wasielewska）

居住地：波兰华沙
网址：www.wasielewska.com
电话：+48 784 940 664
邮箱：a.wasielewska@hotmail.com

艾莉雅·瓦西莱夫莱斯基拥有爱丁堡艺术学院产品设计学士学位和波兰国立罗兹大学财务金融硕士学位。她获得朱厄尔和埃斯克谷学院（Jewell and Esk Valley College）家具设计学位及芬兰拉赫蒂应用科学大学奖学金。此外，她还多次参加在爱丁堡、哥拉斯加、伦敦和苏黎世举办的展览。

安德里亚斯·科瓦莱夫斯基（Andreas Kowalewski）

居住地：荷兰阿姆斯特丹
网址：www.andreaskowalewski.com
电话：+31（0）20 7726889
邮箱：mail@andreaskowalewski.com

安德里亚斯·科瓦莱夫斯基1976年出生在德国柏林，曾在卡尔·赛沃灵学院（Carl Severing Academy）接受细木工和产品设计助理教育，随后在德国埃森大学工业设计硕士研究生班学习并取得硕士学位。在学习期间和毕业之后，他曾在埃森、柏林和慕尼黑等地的多家设计工作室以及惠而浦设计中心、奥迪设计中心及在阿姆斯特丹，爱因霍温和新加坡的飞利浦公司工作。精通设计的多个领域，从家用电器、电子产品、汽车到家具和室内设计。目前，他在阿姆斯特丹居住和工作。

安果工作室（Ango）

居住地：泰国曼谷
网址：www.angoworld.com
电话：+ 66（0）2 873 0167
邮箱：contact@angoworld.com

安果工作室设计的灯具可以被视作一部寓言故事合辑，告诉我们在一个科技的世界中如何与自然保持和谐。每一件作品都是一个有机造型，采用自然材质填充，从而形成一个统一的整体。将自然材质与创新设计糅合在一起的方式寓意着向"世外桃源"的回归，但这是一个充满科技的"世外桃源"。
安格斯·哈金森，安果工作室设计总监及创始人，毕业于伦敦建筑联盟学院。自2002年起，他一直生活在泰国。工作室的其他成员包括奥恩·萨瓦钗和皮·朱赛塔纳屋。安果工作室曾获得多个奖项，如2011新加坡国际家具博览会最佳装饰一等奖、2010 Elle装饰泰国最佳灯饰设计奖等。

安妮·塞西尔·拉帕（Anne-Cécile Rappa）

居住地：瑞士洛桑
网址：www.annececile-rappa.ch
电话：+41（0）79 238 34 90
邮箱：contact@annececile-rappa.ch

安妮·塞西尔·拉帕于1984年出生在法国，从小就非常热爱绘画、创作和平面艺术。高中毕业之后，她搬到瑞士洛桑，并取得洛桑州立艺术学院的工业和产品设计专业学位。在上学期间，她利用机会到设计公司实习，对工业设计产生了兴趣。
到目前为止，她已经在洛桑州立艺术学院举办过多次展览，如

摩洛哥建筑展等。其作品曾与柏图瓷器（许多国家宫廷餐宴指定使用的餐瓷品牌）一起展览。她还涉及城市建筑领域。
2008年，她因全新的设计理念获得"马汀尼杯设计大赏"提名，并取得第三名，之后而被人所知。
她毕业于工业产品设计专业，专注于塑料袋回收。其作品曾在米兰展出。

安东尼·迪肯斯（Anthony Dickens）

居住地：英国伦敦
网址：www.anthonydickens.com
电话：+44（0）207 3789399
邮箱：studio@anthonydickens.com

安东尼·迪肯斯是一名产品和家具设计师，1998年在伦敦建立自己的工作室。其设计精髓是打造简约、具备创新功能的作品，颠覆传统的造型，赋予日常生活用品全新的形象。自设计和生产黄色灯饰系列之后，他的作品类型开始多样化发展。安东尼曾为奥迪公司、凯歌香槟和红牛公司工作，将品牌的精髓发挥得淋漓尽致。
2006年，安东尼设计了Origami桌子系列（餐桌、边桌和咖啡桌），并因此获得极大的成功。2007年，该系列荣获"Elle装饰最佳桌子设计奖"，目前该系列产品由Innermost设计公司负责。Anglepoise® Fifty台灯（讲述Anglepoise®品牌故事的"五十"灯饰）获得"英国生命保险设计大奖"提名，并被陈列在英国设计博物馆中。其他知名作品包括圆筒时钟和Scoot披萨刀。

AURA 工作室（AURA）

居住地：法国巴黎与瑞士洛桑
网址：www.aura-lamp.com
邮箱：info@aura-lamp.com

AURA工作室成员包括欧茜娜·德兰和比特里斯·杜兰达德。他们自2010年在艾尔姆胡尔特宜家第一次见面之后，便开始合作。鉴于在应用艺术领域的相似设计手法，他们决定共同参加ADREAM（欧洲建筑设计比赛，以采用环保材料设计为理念）首次比赛获得学生类一等奖。如今，"AURA工作室"已成为一系列产品的品牌，供预定和购买。

布鲁斯·芒罗（Bruce Munro）

居住地：英国威尔特郡
网址：info@brucemunro.co.uk
电话：（0）1985 845 228
邮箱：info@brucemunro.co.uk

布鲁斯·芒罗以及他的团队因大胆前卫的雕塑灯饰和装置作品而著名。如今，他们会投入同样的热情去打造家居灯饰或可以捧在手心的小型雕塑。照明方案需要工艺与耐心，需平衡许多元素，如客户要求、预算、气候环境、位置、建筑、功能、结构、家具及自然光线运用等。

卡罗丽娜·冯都拉·阿尔萨加（Carolina Fontoura Alzaga）

居住地：美国洛杉矶
网址：www.facaro.com
电话：+213 570 9819
邮箱：caro@kein.org

卡罗丽娜·冯都拉·阿尔萨加是一名多领域艺术家，热衷于利

用回收材料和探索社会政治主体。她曾在墨西哥、巴西和美国生活，其作品以其生活过的地点和文化为主要特色。她的创作展示了不同地区的特色，而其的设计语言也随之不断改变。2007年，她获得丹佛大都会州立学院数字艺术与绘画专业美术学士学位。最近的作品为"联结（CONNECT）"系列。

克劳迪奥·西格罗（Cláudio Cigarro）

居住地：葡萄牙里斯本
网址：www.cargocollective.com/claudiocigarro
邮箱：claudio.cigarro@gmail.com

克劳迪奥·西格罗于1988年出生在葡萄牙的雷阿尔。在高中完成视觉艺术的学习后，就读于Caldas da Rainha地区的艺术与设计学校的工业设计专业。毕业后他曾先后开展若干个人项目，以提高专业技能和探索其他相关方面的设计。在他的项目中，工作过程是一个非常重要的环节，所以常用手绘的方式来表达自己的创造力和想象力。他目前在工业和平面设计领域工作，作为一个设计师和自由插画师，生活和工作在里斯本。

丹·罗斯加德（Daan Roosegaarde）

居住地：荷兰鹿特丹
网址：www.studioroosegaarde.net
邮箱：mail@studioroosegaarde.net

作为一名艺术家与建筑师，丹·罗斯加德致力于探索建筑、人类与技术之间的动态联系。他曾就读于恩斯赫德艺术学院和鹿特丹建筑大学，获得贝尔拉格建筑学院硕士学位。他的雕塑作品，如沙丘（Dune）与亲切（Intimacy），都体现了高科技环境，使参观者和空间融为一体。他将这种意识与技术之间的联系称之为"技术诗歌"。2009年，罗斯加德荣获"荷兰设计奖"，曾参加东京国立博物馆、伦敦维多利亚和阿尔伯特博物馆以及其他地区举办的展览，并多次成为展览的核心。

松坂平岩（Daisuke Hiraiwa）

居住地：伦敦和斯德哥尔摩
网址：www.gdotplus.com；www.daisukehiraiwa.com
电话：+46 –（0）72949231
邮箱：d@gdotplus.com

松坂平岩出生在东京，在日本学习时装、建筑设计和陶瓷工艺，2006年搬迁到伦敦。在切尔西艺术与设计学院室内与空间设计专业毕业之后，他创立了自己的品牌"g dot plus"。他的作品曾在世界博览会上展览，如今他又开始进军食品行业。

达米安·奥苏里万（Damian O'Sullivan）

居住地：荷兰鹿特丹
网址：www.damianosullivan.com
电话：+31（0）10 842 7364
邮箱：info@damianosullivan.com

达米安·奥苏里万于1969年出生在英国，父母分别为法国人和爱尔兰人。他在荷兰生活、成长，目前在鹿特丹经营自己的设计公司，宗旨是"打造新奇创新的作品"。他最初设计的作品多样化而且趣味性十足，如在伦敦荷兰公园交通枢纽处设计18米高的气压计、为雕塑家安尼诗·卡普尔打造水雕作品、为川久保玲设计香水瓶、为先锋影音设计家庭影院、为雷克萨斯设计概念车型、为保罗·史密斯、亚瑟士和看步设计鞋子。

达纳·巴沙尔（Dana Bachar）

居住地：以色列特拉维夫
网址：www.danabachar.com
电话：+972 54 5888255
邮箱：danabachar@gmail.com

达纳·巴沙尔出生在美国加州奥克兰，目前居住在以色列特拉维夫。她毕业于 HIT 大学的工业设计系。达纳·巴沙尔的设计过程与她的作品所采用的材料关联紧密。每一种材料都具有一个独有的特质，比如它的故事、传统和技术，所有这些元素都在她的作品中有所体现。达纳·巴沙尔期望发挥各种材料的性能到极致，使其以全新、有趣的方式展现在作品中。

丹尼·郭（Danny Kuo）

居住地：荷兰埃因霍温
网址：www.dannykuo.com
电话：+31 611 308 506
邮箱：info@dannykuo.com

作为一名设计师，丹尼·郭一直崇尚"灵活性和适应性"。技术的兴起改变了人类的生活方式，人们可以随时接触到不同事物（色彩、建筑、习俗、观念、产品等）。人类在不断地运动着，生活也在变化，因此灵活性和适应性至关重要。丹尼·郭将其作为工作和生活的主要理念，他的设计旨在提高人们的生活质量。

达山·阿拉塔·帕特尔（Darshan Alatar Patel）

居住地：美国纽约
网址：www.darshan-alatar.com
电话：+1 732 331 6124
邮箱：darshan.alatar@gmail.com

达山·阿拉塔是来自大纽约地区的一名工业设计师，毕业于新泽西理工学院工业设计专业。四岁那年，父母给他买了第一套乐高玩具（LEGO set），由此便引发了他对于设计和创作的强烈热爱。他的作品怪诞、让人感到舒适，这恰恰是其乐观、多趣的生活态度的体现。他一直秉承中庸的设计哲学，涉足多个领域，如室内设计、照明、珠宝、家具、日常用品等。他的作品曾被刊登在《君子》杂志和 DIY Network 栏目上。

大卫·克里诺（David Krynauw）

居住地：南非普马兰加省
网址：www.davidkrynauw.com
电话：+27 84 626 3807
邮箱：david@davidkrynauw.com

大卫·克里诺是一名环保家具设计师，利用自己农场生产的或回收的材料打造极简风格的家具。福格尔和阿德里安·雨果是他最喜爱的设计师，他的作品"木吊灯"（由回收蓝花楹木墩材料打造）曾荣获"Eskom 照明设计奖"。尽管如此，他一直认为自己做得不够好。在"绿色粉饰"理念盛行的年代，很多人只是简单地强调"绿色"。然而大卫的思想和作品却是对其真正诠释。大卫曾经说过："只要我喜欢自己的作品，那么就一定会有其他人喜欢。"

库兹涅佐夫装饰工作室（Decorkuznetsov）

居住地：乌克兰
网址：www.decorkuznetsov.com
电话：+38 067 633 7890
邮箱：we@decorkuznetsov.com

瓦莱里·库兹涅佐夫和叶卡捷琳娜·库兹涅佐夫于 1968 年分别在切烈波韦茨市和第聂伯罗彼得罗夫斯克市出生，在 1994 年共同创立库兹涅佐夫装饰工作室。工作室可以说是梦幻、幽默、未来、艺术和功能设计的集合体，自主、乐观，对平常的事物秉承独特的观点。

丹尼斯·帕伦（Dennis Parren）

居住地：荷兰埃因霍温
网址：dennisparren.nl
电话：+31 614355696
邮箱：dennisparren@me.com

丹尼斯·帕伦 2011 年毕业于爱因霍恩设计学院人类与生活专业。在丹尼斯看来，一个好的设计就是一次偶然。他思想开放，能够接受任何事情，经常给自己和别人带来惊喜。我们生活在一个充满技术的时代，这是一个万事皆有可能的时代。犹如 LED 灯，它彻底改变了照明行业。丹尼斯是一个崇尚技术的设计师，不断地寻找新的可能性。

对话方式设计工作室（Dialoguemethod Design Studio）

居住地：Lotte castle first apt.120-2701, Am-sa dong, Gang-dong gu, Seoul, Korea
网址：www.dialoguemethod.com
电话：+82 10 7366 6814
邮箱：dialoguemethod@gmail.com

对话方式设计工作室从事家具和产品设计，他一直坚信"只有经历，才能设计"的理念。作为一个团体，他们乐于和全世界交流设计。在他们眼中，设计是一个渐进的过程，并没有那么困难。他们的作品呈现多样化，并秉承"家具设计是热切的，而产品设计是快乐的"的理念，并将其融入到工作中。

迪克·谢柏丝（Dik Scheepers）

居住地：荷兰海尔伦
网址：www.dikscheepers.nl
电话：+31（0）611396977
邮箱：info@dikscheepers.nl

迪克·谢柏丝曾就读于马斯特里赫特美术学院产品设计专业，学习如何运用材质和技术在他看来至关重要。从课本中获得更多的知识之后，就可以将不同的材质和技术交叉连接起来。正式生产之前的试验往往起到很大的作用，错误和偏差可以被快速发觉。他曾荣获"2011 国际应用技术奖"。

迪米特里奥斯·斯塔玛塔基斯（Dimitrios Stamatakis）

居住地：希腊雅典
网址：www.thetemporarymrdmtrsstmtks.tumblr.com
电话：+30 6973968155
邮箱：di.stamatakis@gmail.com

迪米特里奥斯·斯塔玛塔基斯是一名自由职业的工业和家具设计师，曾在莱斯豪特工作室和坎帕纳兄弟工作室工作。之后，他继续以"物体的实际存在和背景环境"为主要理念。他一直

秉承"万物具备价值，不受环境影响而存在，并具备改变和重塑环境的能力"的哲学精神，曾荣获多个奖项，如"2011 巴尔干年轻设计师奖"、"伦敦 100% 设计奖"等。

DING3000 工作室（DING3000）

居住地：德国汉诺威
网址：www.ding3000.com
电话：+49 511 3539376

DING3000 工作室成员包括卡斯坦·谢林、赛文·鲁道夫和拉尔夫·韦伯曼，他们曾一起在汉诺威学习并在 Vogt & Weizenegger 和 Marcel Wanders 工作室工作。自 2005 年起，他们开始合作设计消费品，如家具、灯饰和生活饰品等。
DING3000 工作室以其深刻独到的创意而著称，如名为"Pimp My Billy"的调音物件（面世之后成为世界上最畅销的物品）、"S-XL CAKE"烘焙器材（不同规格和形状）。其设计作品曾荣获超过 25 个奖项，包括国际论坛设计大奖（iF Award）和红点奖（RedDot Award）。

德罗尔·本舍齐特（Dror Benshetrit）

居住地：New York, USA
网址：www.studiodror.com
电话：+ 212 929 2196
邮箱：melanie@studiodror.com

德罗尔·本舍齐特于 2002 年成立自己的工作室，注重创新设计。其设计的作品在规格和风格上各不相同，使其设计方式在广度和深度上淋漓尽致地体现出来。作品涉及产品设计、建筑、室内设计和艺术指导等领域。德罗尔同专业人士合作，对于材质、技术和几何造型进行深刻全面的研究。工作室设在纽约，但客户遍及全球，包括艾烈希（Alessi，意大利家居用品）、宾利、Boffi（顶级橱柜品牌）、孟买蓝宝石金酒、Cappellini（意大利家具品牌）、科颜氏、里维斯、Material ConneXion（顶级结构材料）、Maya Romanoff（墙面材料）、Marithé + François Girbaud（服装）、彪马、卢臣泰（餐具）、Skins Footwear（鞋）、施华洛世奇等。
德罗尔曾到世界各地演讲，并荣获多个奖项，包括 2001 年 GE 塑料大赛"Merging Boundaries"奖、2006 年 iF 产品设计奖、2008 年和 2010 年日本优良设计奖。他曾被多家媒体曝光，其作品被大量展出，并被北美、欧洲和中东一些博物馆永久收藏。

设计师社团（d-Vision）

居住地：以色列荷兹利亚
网址：www.d-vision.co.il
电话：+972 9 9626408
邮箱：d-vision@keter.co.il

d-Vision 设计师社团成立于 2005 年，由 Keter 集团主席塞米·萨古尔创建，旨在推广设计的卓越性和培养工业设计领域接班人。成功设计的前提是拥有极具天赋的设计师，具备一定的经验，同时拥有专业的艺术知识。社团成员会接受两年时间的集中培训，同时获得引导与支持。

埃里克·萨诺拉（Enrico Zanolla）

居住地：意大利戈里齐亚
网址：www.enricozanolla.com
电话：+39 392 8424081
邮箱：info@enricozanolla.com

埃里克·萨诺拉 2004 年毕业于威尼斯建筑大学建筑专业。其作品注重感官和风格，涉及建筑、室内和工业设计多个领域，并在多次重要展览中展出。他在设计中关注造型、色彩、质感、趋势等因素，不仅赋予作品以美感，更注重整个创意过程，包括设计概念、技术运用、制作等。

其作品曾在《BoBedre》杂志、《室内与设计》、《奥迪杂志》、《Touch Decor》、《RUM》、《Fesco Life》、《Elle Decor》、《Icon》、《Interni》、《Azure》、《Made》、《Dwell》、《Complot》、《Repubblica》、《Diseno Interior》、《Gioia Casa》等多个媒体上刊登。

恩里克·劳莫·德·拉·利亚纳 (Enrique Romero de la Llana)

居住地：西班牙马德里和巴塞罗那
网址：www.romerodelallana.com
电话：+34 607 729 970
邮箱：enrique@romerodelallana.es

恩里克·劳莫·德·拉·利亚纳是一名年轻的西班牙设计师，纸浆灯（PulpLamp）是他在学习期间的最后作品。2011 年毕业于巴塞罗那 Elisava 艺术学校，之后到马德里继续设计工作（既是独立的设计师，又是一家工业设计工作室的成员）。

他把自己定义为产品设计师，并将其归为两类：一种是设计概念，将概念转换为产品，另一种是根据产品的最终形态设计，不受自然过程影响。如此说来，纸浆灯（PulpLamp）是在寻求一种方式，通过花费的时间和精力在生产者、使用者和产品之间构筑了一种关联，这也正是其独具一格的原因。

艾特·拉·拜恩设计工作室 (ett la benn)

居住地：德国柏林
网址：www.ettlabenn.com
电话：+49（0）30 40576794
邮箱：d.duerler@ettlabenn.com

艾特·拉·拜恩设计工作室位于德国，由奥利弗·毕雪夫和丹尼尔·杜勒于 2005 年创立，宗旨是将创意概念变为现实，主要涉足三个领域：家居设计、品牌构架和食品零售咨询。
工作室以创作产品和家具概念为主，之后与工业设计师合作生产。拥有丰富的品牌构架知识，他们成功设计了高品质的餐饮和零售空间。如今，餐厅和零售空间品牌发展策略已成为他们关注的焦点之一。
他们一直秉承"坚定与客户密切合作"的理念。在创新和美学思想的驱动下，他们开始分析最新的材质、生产技术、生态发展及创意趋势。有价值的产出往往源自于大量的投入，他们坚持在日常工作和交流中获寻灵感，将先进的技术和传统工艺结合。

艾娃·门兹设计 (Eva Menz Design)

居住地：英国伦敦
网址：www.evamenz.com
电话：+44（0）207 243 8292
邮箱：info@evamenz.com

艾娃·门兹设计专注于打造豪华吊灯以及大型定制设备，乐于尝试不同材质和规格以便于适应不同的空间背景。其所有的作品都是定制的，乐于为客户墙面和地面雕塑相关的作品。
艾娃·门兹在慕尼黑出生和成长，毕业于伦敦中央圣马丁艺术与设计学院。她因独特的概念和视觉敏感度而著称，并致力于与客户协同合作。在她看来，最为重要的一点是对于理想的执着追求。

伊娃·森德卡 (Ewa Sendecka)

居住地：波兰克拉科夫
网址：www.ewasendecka.com
电话：+48 691 575 692
邮箱：info@ewasendecka.com

伊娃·森德卡曾在克拉科夫美术学院和丹麦科尔丁设计学院工业设计专业就读，最喜欢的事情是打破陈规、体验新事物、设计简约但功能性强的作品。最令她欣慰的时候是看到自己的设计能够帮助人们解决实际问题，使生活变得简单。自 2010 年起，伊娃开始担任一个环保设计活动的领导者。她设计的一款浴室加热设备获得国际竞赛第二名，并于 2012 年投入生产。

孟繁名 (Fanson Meng)

居住地：台湾台北
网址：www.be.net/fansonmeng
电话：+886 35784022；+886 952758927
邮箱：fanson_meng@hotmail.com

孟繁名是一名自由职业设计师，曾在台湾学习工业设计。他曾两次荣获"红点奖"和"2010 红点最佳设计奖"，其作品曾多次参加展览，如台北年轻设计师作品展、东京年轻设计师作品展。其竹子系列作品曾获得"100 新人设计奖"。

法果设计 (Fargo Design)

居住地：以色列特拉维夫
网址：www.wix.com/kiltbanana/fargo
电话：+972542549336
邮箱：design.fargo@gmail.com

迈克尔·法果于 1984 年出生在以色列，致力于瓷器研究。法果毕业于贝扎雷艺术与设计学院，并获得陶瓷设计硕士学位，2011 荣获"Binyamini 一等奖学金"。

弗兰克·纽利切德尔 (Frank Neulichedl)

居住地：加拿大温哥华
网址：www.frankie.bz
邮箱：info@frankie.bz

弗兰克·纽利切德尔一直认为应从另一种角度去诠释设计，去发现其新的、令人惊讶的方面。从另一个角度就意味着需跳出原有的思维，这是唯一一种可以使作品超越功能与形式的限制的方式。产品、网站和平面设计以幻想和创新为基础，将美学需求和实用性结合在一起。他曾荣获"2006 欧洲照明年度奖"和"2009 改变通信奖"。

弗蕾亚·塞莱尔 (Freyja Sewell)

居住地：英国伦敦
网址：www.freyjasewell.co.uk
邮箱：freyja@freyjasewell.co.uk

弗蕾亚·塞莱尔毕业于布莱顿大学三维设计专业，如今是一名自由职业者。她曾在英国和日本学习，并获选参加"2011 毕业创作展"，荣获"Nagoya 奖"。

吉奥纳塔·伽托 (Gionata Gatto)

居住地：荷兰埃因霍温
网址：www.atuppertu.com

电话：+31（0）626 047 267
邮箱：gionatagatto@atuppertu.com

吉奥纳塔·伽托是一名意大利设计师，现今在爱因霍恩居住和工作。2009 年，吉奥纳塔从爱因霍恩设计学院毕业，并获得人类学硕士学位。其作品包含一系列主题，从文化整合到能源消费，旨在研究设计对于社会环境的影响，从而使其引起关注。其作品在美术馆（米兰三年中心和 Tijdelijk 博物馆）和世界各地展览，如 Spazio Rossana Orlandi 展、Maison & Objet 家具家饰展、Sotheby's 家具展中展出。

gt2P 工作室 (Great Things to People)

居住地：智利圣地亚哥
网址：www.gt2p.com
邮箱：info@gt2p.com

gt2P 是智利一家工作室，一直致力于生产、技术、功能和美学因素的研究，构想全新的方案。他们将几何、空间、自然、人工等参数统一，从而制定出系统化指导，以便于在形式和功能上形成一定标准。
系统化指导要求学习大量案例，并从中总结出设计精髓，应用到建筑、家具、产品设计的相关领域，为无标准的解决方案提供一套标准的理论指导。数字工艺就是在这样的背景中产生的：将数字设计方式和艺术家的经验相结合，从而总结出一套理论标准值。gt2P 以此为主要理念，不断研究探索，并取得一定成功。

h220430 工作室

居住地：日本东京
网址：www.h220430.jp
电话：+81-3-3555-5877
邮箱：info@h220430.jp

h220430 工作室于 4 月 30 日成立，并以"Heisei 22"一名著称。其工作集中在照明和家具设计领域，他们不仅关注设计物体的形态，更意欲传达一种信息。他们希望自己的作品可以为人们提供思考的机会，并认识到一些现实问题，如全球环境恶化等。

h comma 设计工作室

居住地：韩国首尔
网址：www.hcomma.com
电话：+82 10 6278 1519
邮箱：info@hcomma.com

h comma 设计工作室最初创建于 2009 年，专门从事产品设计。2011 年 8 月，开始从事工业设计、消费品设计和生产工作，其作品倾向国际化。最大的收获是开始面向国际市场。工作室自己设计和售卖产品，包括灯饰、桌子和文具，同时与其他品牌合作，提供产品概念、形式、功能、色彩、材质咨询和市场推广服务。2010 年，同意大利知名家居产品品牌"SELETTI"合作设计了"ERA"水杯系列，采用先进的玻璃和陶瓷黏合工艺打造。此外，工作室同韩国当地品牌合作设计电器、家具和厨房用品。h comma 并不是一个庞大的机构，但他们注重于专业技术人员和其他领域的设计师合作。他们想要的不仅仅是名誉和产品销量，更乐于与产品使用者进行交流。

艾达·诺埃米 (Ida Noemi)

居住地：挪威奥斯陆
网址：www.idanoemi.no
电话：+47 470 74 142

邮箱：post@idanoemi.no

艾达·诺埃米是一名自由职业设计师，2011 年初创立自己的工作室（位于挪威设计与建筑中心）。她从日常工作和设计作品（建筑、插画、照片、平面图案）中获得灵感，其作品曾在米兰、奥斯陆、伦敦、克隆和华盛顿展出。Story 灯饰是她的第一件设计作品。

艾达获得奥斯陆建筑与设计学校工业设计艺术硕士学位，并在巴黎斯特拉特设计学院学习一年。Story 灯饰荣获 2010BONYTT "Form and Expression" 奖和 Gullkalven 奖。

创意工作室（IDEA）

居住地：保加利亚索非亚
网址：www.idea.bg
电话：+359896606000
邮箱：alex@idea.bg

创意工作室位于保加利亚，其作品涉及室内、平面和产品设计等多个领域，也包括服务行业（餐饮空间）。其近期作品包括位于伦敦的大型高级餐厅和俱乐部、位于保加利亚的俱乐部和住宅等。此外，对于照明行业的热衷使得工作室的 11 位年轻设计师为其设计的空间打造高品质的灯饰。

品物流形

居住地：中国杭州
网址：www.innovo-design.com; www.pinwu.net
电话：+86 571 85850202
邮箱：innovo.com@gmail.com

品物流形坐落在中国的杭州，名字来自古老而经典的著作《易经》。他们早期的设计理念是"追随自然"。品物流形以设计的逻辑推理为基础，创造"中国再设计"下的中国品牌。"品物"是一个注重未来与传统相融合的新兴家具品牌。张雷是"品物"品牌的创立者和设计总监。在他的带领下，品物流形已经 6 次参加国际展览，其中包括著名的米兰家具之卫星沙龙展，并获得 20 多种国际奖项。

杰森·库格门（Jason Krugman）

居住地：美国纽约
网址：www.jasonkrugman.com/projects/treble
电话：+001-617-571-9442
邮箱：jasonkrugman@gmail.com

杰森·库格门是一名艺术家，善于将电子设备和有机材质结合在一起，从而创作出新型的物件、空间并获得全新的经验。他把光作为媒介，打造出与使用者和环境互动的艺术作品。模块式的设计赋予作品多样性，变化的理念适用于不同的展示方式。目前，其工作室涉及多个领域，以建筑 LED 灯饰、公共艺术品和工业灯具为主。他曾在塔夫茨大学和纽约大学提斯克艺术学院学习，作品在美术馆和艺术馆中展览。

简娜·凡·艾尔克（Jeannine van Erk）

居住地：德国柏林
网址：www.bel-bo.net; www.schubLaden.de
电话：+49（0）30 61 65 11 49
邮箱：j.vanerk@schubLaden.de

简娜·凡·艾尔克于 1967 年出生在荷兰希尔弗瑟姆市，1992 至 1996 年在里特维德学院学习细木工和室内设计。自 2008 年起，她开始在柏林生活，并开始设计自己的灯饰品牌。2010 年，她

展出了"Cocon Malade"和"Boule Malade"两件作品，2011 年的 DMY 柏林国际设计周上再次展出。如今，她同弗兰兹卡·沃迪卡在柏林共同开设了"schubLaden"（抽屉）店。

杰罗恩·费尔霍芬（Jeroen Verhoeven）

居住地：荷兰鹿特丹
网址：www.demakersvan.com; www.blainsouthern.com
电话：+31（0）10-2447474
邮箱：info@demakersvan.com; info@blainsouthern.com

杰罗恩·费尔霍芬和其胞弟乔普·费尔霍芬同朱迪丝·德·格拉奥于 2004 年共同从爱因霍温设计学院毕业，并于 2005 年创建了 Demakersvan 设计工作室。其作品曾在全世界展出，并多次举办个展和团体展览，包括 2011 年 Blain|Southern 画廊举办的"The Curious Image"展、2009 年维多利亚和阿尔伯特博物馆举办的"Telling Tales"展、2009 年西澳美术馆举办的"Thing：Beware the Material World"展、2008 年卡朋特画廊举办的"Young Blood"展和 2007 年纽约当代美术馆举办的"Digitally Mastered"展。其设计的名为"Cinderella Table"的桌子系列已被多家结构收藏，包括纽约当代美术馆、维多利亚和阿尔伯特博物馆、慕尼黑设计博物馆、蓬皮杜艺术中心和西澳美术馆。目前，他们在 Blain|Southern 画廊工作。

杰斯珀·约森（Jesper Jonsson）

居住地：瑞典哥德堡
网址：www.jesperj.se
电话：+46（0）73 72 06 005
邮箱：hello@jesperj.se

杰斯珀·约森是来自瑞典哥德堡的一名工业设计师，拥有林奈大学学士学位，致力于环保设计。他曾在密歇根学习"以人为本"的设计课程，并在哥德堡设计与工艺学院攻读硕士学位。

他曾致力于研究照明设计以及人类与照明的关系，一直坚信环保设计应从使用者需求出发。产品本身并不是环保的，在行驶环保职能之前应该有一个明确的目的。

霍尔迪·米拉（Jordi Milà）

居住地：西班牙巴塞罗那
网址：www.jordimila.com
电话：+34 935 938 185
邮箱：contact@jordimila.com

霍尔迪·米拉的自创品牌"霍尔迪·米拉巴塞罗那"使得现代风格的功能性产品设计前进了一大步。米拉的作品享誉全世界，新材质和新技术的应用让很多人感到震惊。他的创新源于最初的灵感和与极简主义风格的脱离。

其名为"智慧之树"的作品获得迪拜 INDEX 展览会（世界范围的室内设计盛会）"最佳展示奖"，米拉也因此出名。

基泽·斯帕思工作室（Kieser Spath）

居住地：德国达姆施塔特
网址：www.kieserspath.de
邮箱：mail@kieserspath.de

基泽·斯帕思工业设计工作室于 2008 年在德国达姆施塔特成立，创立者是马塞尔·基泽和克里斯托弗·斯帕思。他们致力于家具、办公、时装和消费品设计，目标是打造杰出、创新的作品。他们坚信，新奇、优秀的作品往往源于对细节的热衷和创作的乐趣。

金贤珠（Kim HyunJoo）

居住地：韩国首尔
网址：www.kimhyunjoo.com
电话：+82 10 5617 0559
邮箱：studio@uundesign.com

金贤珠出生在首尔，2008 年毕业于弘益大学产品设计专业，并取得硕士学位。2007 年，她曾在米兰乔凡诺尼工作室任职，回到首尔之后作为一名自由职业设计师。2009 年，她在首尔创立了 UNN 设计工作室，从事灯光、室内外家具、产品和平面设计工作。

2008 年，她荣获"红点奖概念设计奖"。她的室外设计作品分别于 2010 和 2011 年被评为"最佳公共设计"。

库伯·辛（Kobo Sin）

居住地：香港和伦敦
网址：www.kobosin.com
电话：+852 60200456；+44 7530662991
邮箱：kobo.sin@hotmail.com

在香港理工大学产品设计专业毕业之前，库伯·辛受到了德国设计文化的影响。在柯隆设计学院交流学习期间，她体验了产品设计的自由与艺术性。她曾参加多个艺术社团，如香港设计周"Open ID Workshop"社团、"Pushcart"社团、"同济大学中芬中心"夏令营社团等。她曾荣获 Aluminum urban living（家居品牌店）和柯隆设计学院共同举办的年鉴作品竞赛"10 大能人"奖。最近，库伯参加了由领贤慈善基金会举办的名为"城市韵律"的设计比赛。

灯具工作室（Kozo Lamp）

居住地：以色列特拉维夫
网址：www.kozo-lamp.com
电话：+972（0）508 264746
邮箱：contact@kozo-lamp.com

Kozo 灯具工作室由大卫·谢法和阿娜提·谢法夫妇在以色列创立，他们热衷于手工制作和物品重生。大卫是一名工业设计师，曾获得申卡尔设计与工程学院学士学位。阿娜提是一名电影剪辑师，多才多艺。

"Kozo Lamp 是一个纯手工制作的灯具品牌，是我们坚决打造真正的、形象的、令人引以为傲的产品设计目标的实现。采用未经加工的、耐用的工业材料，推广物品重生意识，拓宽人们对于 21 世纪的认识。我们的出发点是提供可回收利用的包装材质。"

库拉设计工作室（Kulla Studio）

居住地：以色列特拉维夫
网址：www.kulladesign.com
电话：+972 54 5636346
邮箱：studio@kulladesign.com

库拉设计工作室位于以色列，从事产品设计工作。工作室由毕业于申卡尔设计与工程学院的工业设计师艾迪·斯皮格尔和科伦·托莫于 2007 年创立，主要从事材质研发和创作方式开发等工作，提供对于日常生活产品使用的新方式。此外，工作室涉足其他领域，并提供展现自身特色的原创作品。

坤达里尼设计公司（Kundalini）

居住地：Milan，Italy
网址：www.kundalini.it

电话：+39 02 36538950
邮箱：info@kundalini.it

坤达里尼设计公司始建于 1996 年，并在当时开发了一种全新类型的灯饰，突破传统的造型，创造了一种新的产品文化，独具特色。至此，公司开始享誉国内外，成为这一领域的成功典范。公司注重媒体宣传，不仅是在设计相关领域，其产品曾多次出现在电影、广告、电视节目中。其经典的设计作品，如"外星小天使"台灯、Bokka 系列和 Kyudo 系列已成为国内外媒体宣传的标志产品。

坤达里尼公司被国际当代设计协会评为"创新公司"，不仅因为其具有被世界广泛认可的新理念，更包括其不断尝试新风格的创新精神和在新技术、新材料应用上所有的大量研究。

目前，公司具备丰富的经验，但仍致力于研究前沿的设计方式，以及从不同的文化中获得灵感。公司一直与国际知名设计师和建筑师合作，共同分享经验。

共荣设计（Kyouei Design）

居住地：日本静冈
网址：www.kyouei-ltd.co.jp
邮箱：info@kyouei-ltd.co.jp
电话：+81 54 347 0653

共荣设计是日本人从事照明设备设计和生产的公司，创立于 2006 年。共荣设计的创办者光一冈本（Kouichi Okamoto）于 1970 年出生在静冈市，在 1997 年以 BEKKOU 的名字发行了 "HiLite" 音乐专辑，曾为荷兰和英国知名品牌创作音乐作品。2004 年，他开始从事产品设计，并于 2006 年创立了共荣设计。他将家乡静冈的设计风格推向世界，其作品多次参加各种展览。

兰扎韦基亚 + 瓦伊设计工作室（Lanzavecchia + Wai）

居住地：意大利与新加坡
网址：www.lanzavecchia-wai.com
邮箱：info@lanzavecchia-wai.com

兰扎韦基亚 + 瓦伊设计工作室由弗朗塞斯卡·兰扎韦基亚和胡恩·瓦伊共同创建。在他们看来，设计师也是研究者、工程师、工匠和讲故事的人。瓦伊来自新加坡，毕业于新加坡国立大学工业设计专业，兰扎韦基亚取得米兰理工大学产品设计专业学士学位。他们的合作始于在爱因霍温设计学院攻读硕士学位期间，同为荷兰设计之父海斯·巴克的学生。兰扎韦基亚热衷于研究物体之间以及物体与人类和思想之间的关系和未来的发展趋势，而瓦伊则致力于研究材质、形式和思想之间的碰撞与融合。他们的合作以各自的兴趣为基础。来自两个完全不同的国家和文化背景，他们一直尝试相互理解与学习。对于他们来说，设计就是探索研究的旅程，追求、尝试运用不同的设计方式和专业知识的不断完善，从而开拓出全新的视角和可能性。

拉托莱·克鲁兹（Latorre Cruz）

居住地：英国伦敦
网址：www.latorrecruz.com
电话：+44（0）7795 141176
邮箱：mail@latorrecruz.com

拉托莱·克鲁兹曾是一名设计制作者，曾在白金汉郡奇尔特恩斯大学学院家具和相关产品设计专业学习。1999 年毕业之后，他搬到伦敦，在多家家具设计制作公司实习并从事建筑模型制作工作。

他独立创作了自己的品牌系列，并在国内外多个设计活动上展出。其作品以创意性和独特性著称，具备一定的深度和逻辑。目前，他正致力于研究自然材质的使用。

拉托莱·克鲁兹是早期预防儿童肥胖组织（一个由来自全球的设计师构成的组织）的创办人。将当地的天然材质和现代风格结合，从而唤起环保意识。目前，他正与多家家具生产商合作，作为家具展览会的设计顾问。

Lokolo 工作室

居住地：德国柏林
网址：www.lokolo.eu
电话：+493053162623
邮箱：info@lokolo.eu

Lokolo 工作室创建于 2010 年，是一家推崇环保设计、强调当地特色的设计机构。工作室创办人是萨姆·刘（Sam Liu，建筑师）和乔纳森·马库斯（产品设计师），主要提供产品设计、一次性消费品设计、产品和照明设计咨询、室内和建筑设计等服务。

罗伊·里加诺（Louie Rigano）

居住地：美国纽约
网址：www.louierigano.com
邮箱：lrigano@g.risd.edu

罗伊·里加诺是一名来自纽约大都市区的工业设计师，毕业于罗德岛设计学院工业设计和环境研究专业。他曾取得美国富布莱特奖学金，并到日本游学一年，研究日本传统设计哲学与美学以及其在现代设计文化中的地位。他一直坚信"思考可以完善形式，在生产过程和功能之间建立联系可以营造美感"。他在不断地寻求关于奢华、实用和文化价值的现代化诠释，其作品彰显简约的风格。目前，他正致力于寻找美感与实用性之间联系的纽带。

麦克马斯特工作室（MacMaster）

居住地：英国伦敦
网址：www.macmasterdesign.com
电话：+44（0）208 316 4006
邮箱：info@macmasterdesign.com

MacMaster 工作室设计的现代风格灯饰和家具是在其位于伍斯特郡乡下的工厂中纯手工制作而成的。整体的理念是"传统与现代的融合"，现代化的技术和 20 世纪 70 年代的铸铁工艺赋予产品独特的美感。工作室的宗旨是"最小浪费，最大产出"，在设计和生产过程中贯穿环保意识。工作室负责人艾利克斯·麦克马斯特和李马尔·阿斯莫尔指出："我们遇到的主要挑战是如何在实现环保的前提下，打造出美感十足的作品"。所有的产品都是运用最佳的传统工艺手工制作的。

Mammalampa 灯具公司

居住地：拉脱维亚里加
网址：www.mammalampa.com
邮箱：info@mammalampa.com

Mammalampa 是一家灯具公司，一直推崇"小小的变化就可以使灯具大为不同"的设计理念。其作品受到工艺灵感的影响，以生活物质为原型。

Mammalampa 公司的标志价值即为"手工制作"重点是对于"手工制作"的现代诠释，不是指取代机械生产，而是寻求机器不能满足的生产方式。

如今，我们的世界正在经历着变化，价值也被随之改变。我们需要的一切都可以通过机械生产实现，Mammalampa 灯具公司则致力于寻找一种与之不同的生产方式。

马库斯·约翰森（Markus Johansson）

居住地：瑞典哥德堡
网址：www.markusjohansson.com
电话：+0046706448755
邮箱：info@markusjohansson.com

马库斯·约翰逊是一位瑞典设计师。2011 年获得了安·沃尔斯设计奖学金以及奥托和夏洛特·曼海默基金。他希望能够将建筑、功能和形式组合在一起，丰富日常生活经历，创作出新形态、有持久价值的作品。所得的奖项包括：2011 瑞典马克斯罗德灯具设计三等奖；2010 瑞典绿色家具佳作奖；2010 瑞典格力马可克设计竞赛三等奖；2009 瑞典马克斯罗德灯具设计二等奖以及 2008 瑞典邮局建筑和设计大赛佳作奖。

毛罗·索杜（Mauro Soddu）

居住地：意大利卡利亚里
网址：www.maurosoddu.com
电话：+393492168169
邮箱：info@maurosoddu.com

毛罗·索杜是一名建筑师，1982 年出生在意大利卡利亚里。2006 年毕业之后，他在卡利亚里和米兰两地工作了 5 年。2009 年，他在米兰工业设计学院学习室内和工业设计，并和朋友一起荣获"米兰设计野营"优胜者的荣誉。2010 年，他设计的名为 "Letterotte" 的木质玩具被意大利知名博物馆收藏。2010 年，他设计了一款名为 "Yaya" 的灯饰，并因此获得 "Pure Sardinian Wool" 一等奖。目前，他在卡利亚里创建了新的建筑设计公司。

迈克尔·康斯坦丁·沃尔克（Michael Konstantin Wolke）

居住地：德国科隆
网址：www.herrwolke.com
电话：+0221 29025551
邮箱：post@herrwolke.com

迈克尔·康斯坦丁·沃尔克工作室位于科隆，以研究、开发和设计实用物品为主。设计师不断寻求利用废弃材质的方式，并将其转变成满足日常生活需要的物件。迈克尔·康斯坦丁·沃尔克除为个人和公共空间设计作品外，还同各领域设计师合作，打造空间、灯饰和室内装饰概念等。

米凯拉·简塞·凡·乌伦（Michaella Janse van Vuuren）

居住地：南非比勒陀利亚
网址：www.nomili.co.za
电话：+27（0）731730750
邮箱：info@nomili.co.za

米凯拉·简塞·凡·乌伦曾在普罗艺术家乐团学习。在从事几年自由职业之后，她进入普敦大学电子工程专业学习，并于 2004 年获得电子工程博士学位。随后一年，她在南非科技与工业研究院从事研究工作，同时在布隆方丹中央技术大学攻读博士后学位。在此期间，她对于 3D 印刷产生了浓厚的兴趣。之后，她创立了自己的公司 "NOMILI"（www.nomili.co.za），专门从事

3D 印刷设计。其作品的主题是"体验与进步、艺术与科学、新材质与设计过程"。她将技术视作一种创意工具，不断尝试全新的设计和生产方式——数字设计和制作成为她的工具以及探索艺术和技术的媒介。通过 3D 印刷技术，她可以自由想象而免受具体形象的制约。

她的名为 "The Chrysanthemum centrepiece" 的菊花造型灯具在 2009 南非设计博览会上被游客评为 "南非最美丽的物体"。2010 年，她作为克莱因艺术节策划人。其珠宝和灯饰作品被 Materialise 收藏。其近期的雕塑作品 "木偶马"、"鸟人" 和 "摇摆的跳羚" 在 2011 约翰内斯堡艺博会上展出。

迈克·汤普森（Mike Thompson）

居住地：Kronehoefstraat 1，5612 HK 荷兰埃因霍温
网址：www.miket.co.uk
电话：+31（0）638 584 931
邮箱：info@miket.co.uk

2009 年，迈克·汤普森取得爱因霍温设计学院硕士学位之后便创立了自己的工作室，致力于设计与未来思维方式的研究。他在设计中探究新旧技术的结合，旨在为功能和方式之间构建新的联系。他的作品曾在世界各地展出，包括米兰家具展、圣埃蒂安纳国际设计双年展、都柏林科学画廊、范·布宁根博物馆和纽约当地美术馆。目前，迈克在爱因霍温工作。

米罗斯·约万诺维奇（Milos Jovanovic）

居住地：Kralja Petra I 6 11320 Velika Plana，Serbia
网址：www.milos-design.com
电话：+381643088242

米罗斯·约万诺维奇持有工业设计硕士学位，并成功地进入多个领域，包括工业和交通设计、平面和包装设计、立体模型和可视化设计。2011 年，他从贝尔格兰德应用艺术大学工业设计专业毕业，曾参加过多个国内外设计展，并荣获多个奖项，包括 2009 贝尔格兰德设计周椅子设计一等奖、2010"Eko Sterila" 包装设计一等奖和 2011 "Metalac" 热水器设计一等奖。

米舍尔·特拉克斯勒工作室（mischer'traxler）

居住地：Vienna，Austria
网址：www.mischertraxler.com
邮箱：we@mischertraxler.com

卡特琳娜·米舍尔（1982）和托马斯·特拉克斯勒（1981）共同在维也纳创立了米舍尔·特拉克斯勒工作室，从事产品设计、家具设计和装置设计等，致力于体验和概念性思维研究。2010 年，工作室荣获巴塞尔顶密设计博览会 "W 酒店家具设计" 奖。其名为 "树的发明" 的作品荣获 "2009 奥地利体验设计奖" 和 "2009DMY 奖"，得到 "2009 电子艺术大奖" 荣誉提名并入围 "2010 生命保险设计大奖"。此外，其作品曾在芝加哥美术馆、伦敦设计博物馆、维也纳应用美术博物馆、爱因霍温艺术中心内展出。

Molo 设计工作室

居住地：加拿大不列颠哥伦比亚省
网址：www.molodesign.com
电话：+1 604 696 2501
邮箱：info@molodesign.com

Molo 设计工作室位于加拿大温哥华，从事设计和制作服务，由史蒂芬妮·福赛斯，托德·麦克阿伦和罗伯特·帕苏特共同经营。作为一家设计和制作公司，工作室致力于材质研究和空间打造，向全世界的客户提供独特、创新的产品。

工作室的产品源自福赛斯和麦克阿伦对于建筑的探索。再小的物体在空间中也具备真实的存在感，正是受到这一想法的启发，他们开始决定打造凸显空间特色的产品。其产品以诗意的美感和实用的创新作为特色，并因此荣获多个国际奖项并被世界各地博物馆和画廊收藏。

Mut 设计工作室

居住地：西班牙瓦伦西亚
网址：www.mutdesign.com
电话：+0034 96 394 26 85；+0034 693 494 696
邮箱：info@mutdesign.com

Mut 设计工作室是由来自不同领域的艺术家组成，他们有着共同的兴趣和热情——乐于用全新的方式展现日常生活中的每个元素，旨在开创出实用性强而又独特的设计方式。

阿尔贝托·桑切斯是工作室的领导者，毕业于瓦伦西亚理工大学工业设计与平面设计专业，曾荣获 Bancaja 奖 "最佳作品奖"。2011 年，Mut 设计工作室荣获 EDIDA（ELLE 国际装饰奖）提名，其作品荣获 Injuve 奖（西班牙政府授予的青年设计天才奖）。

基于对设计的热爱，阿尔贝托一直秉承 "特殊对待每个作品" 的理念，旨在营造独特的体验，使得每件作品都能够具备独特性。

尼克·赛耶斯（Nick Sayers）

居住地：英国
网址：www.nicksayers.com; www.flickr.com/nicksayers
电话：+44（0）7812 036415
邮箱：mail@nicksayers.com

尼克·赛耶斯是来自布莱顿的一名艺术家和平面设计师，通常使用回收材料打造球体雕塑和灯饰。其作品规格多样，包括小到 7 厘米的球体和大到 4 米的标识。他致力于探讨数学的美感和回收的创意可能性。其工作涉及多个方面，包括打造大型公共雕塑、经营工作室以及前往学校演讲等。

尼尔斯·格鲁巴克（Niels Grubak）

居住地：丹麦奥胡斯
网址：www.nielsgrubak.com
邮箱：Niels@grubakdesign.com
电话：+45 2226 5832

尼尔斯·格鲁巴克是一名丹麦设计师，主要设计方式在作品中是推崇艺术性。在设计初期，他会不带任何目的性地去进行造型和材质研究。这一独特的方法使他免受条条框框概念的制约，自由地发挥，从而找到更具创意的设计方式。他乐于打造美丽而又创意十足的作品，实现造型、材质和技术的完美结合。他一直深信 "想象力比知识更加重要" 这在他的作品中清晰地体现。他曾荣获 2008 和 2009 "米其林挑战设计大赛" 冠军。

尼尔·梅里（Nir Meiri）

居住地：以色列特拉维夫
网址：www.nirmeiri.com
电话：+972 54 4740865
邮箱：nirmeiri.com@gmail.com

尼尔·梅里的设计准则是 "用不同寻常的方式去观察日常生活中的物品，但同时注重质量和美感"。他钟爱运用独特的材质，并将其与新奇、独特的设计方式结合在一起，结果便是打造出实用而又简约的作品。尼尔毕业于贝扎雷艺术与设计学院。

毕业之后，尼尔进入 d-VISION 设计工作室，从事产品开发和工业设计。如今，比尔创立了自己的工作室。除了为不同领域的客户服务之外，他还打造了一些独特的设计作品，通常以限量版形式出售。

nistor&nistor 工作室

居住地：法国巴黎
网址：www.ggnistor.com
电话：+972 52 4040977
邮箱：ggnistor@gmail.com

nistor&nistor 工作室由格拉迪斯·尼斯特和加布里埃尔·尼斯特兄弟共同创建。他们来自于不同的学习背景，格拉迪斯是一名雕塑家，而加布里埃尔则是一名高科技工业工程师，一起工作对于他们来说是一个全新的体验。他们都认为 "追寻一个既定的方式是不太可能的事情"。"我们的合作方式就是以无秩序的想法为基础，最终将其变成创作力，" 他们共同提出。

无设计（NONdesigns）

居住地：美国加利福尼亚州
网址：www.nondesigns.com
电话：+626 616 0796
邮箱：info@nondesigns.com

无设计是由斯科特·富兰克林（Scott Franklin）和米奥·米奥（Miao Miao）共同创建的工作室，他们都热衷于挑战传统和开创全新的理念和方式。其作品涵盖多个领域，小到首饰，大到建筑。他们乐于在零售、展览、生活和工作空间中注入活力，营造多种体验。从家具到灯饰，从地面到屋顶，从内到外完全由他们一手打造。

佩佩·赫克普（Pepe Heykoop）

居住地：荷兰阿姆斯特丹
网址：www.pepeheykoop.nl
邮箱：pepeheykoop@gmail.com

佩佩·赫克普是一名青年设计师，从爱因霍温设计学院毕业之后便创立了自己的工作室 其毕业作品在 2008 斯派若·罗撒纳·奥兰迪展展出。他推崇 "手写" 和 "手工制作"，并一直寻求低技术创作方式。他的作品几乎没有重复的风格，成长与变化是永恒的主题。他热衷于将设计和艺术联系在一起，大量利用回收材质。他近期名为 "皮肤系列" 的作品（用回收的碎皮革装饰二手物件）便是最好的诠释。他曾多次参加设计展，包括米兰家具展、伦敦 TENT 展、柏林国际设计节和科隆国际家具展等。他的作品曾在 Pierre Berge 拍卖行售卖。2009 年起，他开始与孟买贫民区合作生产 "皮质灯罩" 系列产品——妈妈在家制作灯饰，其收入便可以供孩子们去上学。2012 年初，他们开始生产名为 "皮环" 的椅子系列。

皮娅·伍斯滕伯格（Pia Wustenberg）

居住地：英国伦敦
网址：www.piadesign.eu
电话：+44（0）7917182471
邮箱：pia@piadesign.eu

皮娅·伍斯滕伯格 1986 年出生在德国，拥有双重国籍（母亲是波兰人，父亲是德国人）。15 岁时她搬到英国，并在那里完成了学业。她曾在雪瑞设计学院学习玻璃、陶瓷和金属设计，并取得新白金汉大学家具设计与工艺专业学士学位。结束学业之后，她在芬兰北卡累利创立了自己的工作室"皮娅设计"。2009 年，她回到伦敦并在皇家艺术学院产品设计系工作，并将工作室迁到了伦敦。

普雷米斯劳·克劳辛斯基（Przemyslaw Krawczynski）

居住地：波兰罗兹市
网址：www.calabarte.com
邮箱：calabarte@gmail.com

普雷米斯劳·克劳辛斯基 28 岁，如今居住在波兰罗兹市。他走上设计之路是一个偶然，2009 年 2 月为自己设计一个台灯之后决定再做一些，就这样渐渐地喜欢上了设计。
起初，他想设计一些能够体现自身风格的新奇作品，随后便创立了 Calabarte 品牌。所有的事情都是经由他一个人完成的。
他可以说是自学成才的代表，经历了许多并一直在不断地寻求新的方法与方式。他最大的灵感源自分形艺术，可以堪称"思想的海洋"。大多数情况下，他是在这些思想的启发之下，通过设计过程而完善自己的想法，最终打造出创意设计。他喜欢几何图形，曾在技术大学学习建筑工程，在建筑工作室工作 3 年半时间，但这些都不是他的目标。经过 7 个月的学习之后，2010 年 1 月他辞掉了工作，到塞内加尔生活了一个月。再次回到波兰之后，他开始设计台灯，并深深地爱上了这一行业。他的作品是条理清晰的概念和美学艺术、完美主义风格、精致与感情的结合体。

Raw-Edges 工作室

居住地：英国伦敦
网址：www.raw-edges.com
电话：+44 78 9056 9470

Raw-Edges 工作室由叶·莫尔和色·奥卡雷创立。他们 1976 年在特拉维夫出生，2006 年进入皇家艺术学院。经过多年的交流学习之后，他们开始正式合作。莫尔致力于将二维材质转换成功能造型，而色则致力于研究物体如何运动、使用和回应。
Raw-Edges 工作室获得多个奖项，包括英国天才奖、iF 金奖、荷兰设计奖、2009 墙纸设计奖、Elle 国际装饰奖等，其中最近的一个奖项是巴塞尔迈阿密设计博览会家具设计奖。其作品在强森画廊、FAT 画廊、Scope 艺术博览会、斯派若·罗撒纳·奥兰迪展出。此外，其作品被纽约现代美术馆、伦敦设计博物馆等永久收藏。他们还致力于打造独特的限量版设计作品。

Relevé 设计工作室

居住地：Brooklyn，NY，USA
网址：www.relevedesign.com
电话：+1 646 484 8007
邮箱：info@relevedesign.com

Relevé 设计工作室擅长将废弃的材料打造成新的灯饰、家庭生活用品和家具。将设计运用到再生理念中是创造出美观实用的环保产品的首要步骤。Relevé 设计工作室生产限量系列产品，每一系列以一种废弃材料为主。其处女系列是将盛放六个罐子的环状物改造成吊灯。Relevé 在法语中译为"提升"，在舞蹈专业中是指舞者将脚跟抬起脱离地面而用脚尖点地的动作。Relevé 设计工作室的理念是赋予废弃材新的生命。

里克·泰格拉尔（Rick Tegelaar）

居住地：荷兰阿纳姆
网址：www.ricktegelaar.nl
电话：+31 6 309 848 09
邮箱：info@ricktegelaar.nl

里克·泰格拉尔 1986 年出生在鹿特丹，高中毕业之后，在乌德勒支学习机械和工业设计。2011 年，他从阿尔特兹艺术大学产品设计专业毕业。其工作致力于寻找新方式和运用已有材质进行创作，他认为使用已有材料打造出新工具并因此带来新的可能性是一件格外有趣的事情。
他坚信稍微改变材料的使用方式就会得到以往大为不同的结果。在这个过程中他开发出了新的材质、新的技术和新的方式，并将其运用到产品创作中。

萨姆·拜伦（Sam Baron）

居住地：意大利特雷维索
网址：www.fabrica.it
电话：+39 4 22 51 6260
邮箱：samuelbaron@gmail.com

萨姆·拜伦 1976 年出生在法国，持有圣埃蒂安美术学校设计学位和巴黎国家装饰艺术学院硕士学位。他一直研究古代建筑方法，最终对当今材质的生产实用性提出质疑。目前，他作为一名自由职业设计师，在多家国际集团、如路易·威登、欧莱雅、戴比尔斯砖石珠宝、汀凡珠宝担任顾问。他的工作涉及多个领域，包括举办展览、室内设计、跨界设计等。他与众多欧洲设计师品牌合作，包括 Ligne Roset 家具、Christofle 奢侈品、Bosa 瓷砖、Vista Alegre 陶器。目前，他担任位于特雷维索的法布里卡交流研究中心设计总监。

桑德·穆尔德（Sander Mulder）

居住地：荷兰维荷芬
网址：www.sandermulder.com
电话：+31（0）40 – 21 22 900
邮箱：press@sandermulder.com

桑德·穆尔德 1978 年出生，1996 开始学习设计，童年时期就显现出独特的天赋。2000 年从爱因霍温学院毕业后，他开办了自己的设计工作室。他一直在不断地寻求新的挑战和灵感，工作涉及家具、灯饰和室内设计领域。他一直坚信好的理念应与具体实践相辅相成，不停发掘全新的设计方式，赋予日常生活物品和空间以功能性和美感。他的设计是力度、微妙细节、大胆创新与技术组合的完美体现。

塞巴斯蒂安·埃拉苏里斯（Sebastian Errazuriz）

居住地：智利圣地亚哥
网址：www.meetsebastian.com
邮箱：info@meetsebastian.com

塞巴斯蒂安·埃拉苏里斯 1977 年出生在智利圣地亚哥，在伦敦长大。他曾在华盛顿学习艺术课程，在爱丁堡学习电影课程，在圣地亚哥获得设计学位，随后获得纽约大学美术硕士学位。28 岁时参加 Sotheby's 拍卖行举办的"21 世纪重要设计拍卖展"，成为第二个在此拍卖作品的南美艺术家。
2007 年，埃拉苏里斯被《I.D. Magazine》杂志评为"新生代设计师"；2010 年，他荣获"智利年度设计师"称号。他设计的大型、前卫的公共艺术品得到高度赞扬，家具系列作品

曾在东京、纽约、巴塞罗那等 40 多个国家展出。他的作品被库珀·休伊特博物馆、维特拉设计博物馆、圣地亚哥国家美术馆收藏并展出，并被康宁玻璃博物馆和世界一些知名私人博物馆作为永久性藏品。此外，其设计的时装和公共艺术品曾被美国有线电视新闻网（CNN）、《早安美国》和纽约一台报道。

斯蒂芬·科纳普（Stephen Knapp）

居住地：美国马萨诸塞州
网址：www.lightpaintings.com
邮箱：sk@stephenknapp.com

斯蒂芬·科纳普的大型艺术作品曾在博物馆中展出，被公共、商业和私人机构收藏，并因此享誉世界。他曾在博伊西艺术馆、克莱斯勒艺术馆、那不勒斯美术馆、巴特勒艺术学院和弗林特艺术学院举办个展，其作品在多个国际出版刊登，如《艺术与古董》、《建筑实录》、《艺术新闻》、《陶瓷杂志》、《芝加哥太阳报》、《室内设计》、《纽约时报》、《进步建筑》和《雕塑杂志》。

斯蒂芬·浩伦比克（Steven Haulenbeek）

居住地：美国芝加哥
网址：www.stevenhaulenbeek.com
电话：+1 616 405 2469

斯蒂芬·浩伦比克是一名来自芝加哥的设计师，从事家具、照明、产品、室内设计和活动策划工作。他取得霍普学院学士学位和芝加哥艺术学院硕士学位，其作品曾在全世界发表和展出。

Klass 工作室

居住地：意大利米兰
网址：www.studioklass.com
Tel:+39 338 10 37 236
邮箱：info@studioklass.com

Klass 工作室由马可·马特罗和阿莱斯奥·罗斯奇尼于 2009 年创建，主要致力于产品设计。他们的工作流程从分析产品形态和客户要求开始，然后努力找到全新的解决方式。随后，通过邀请他人评估、讨论而使解决方案完善。如今，工作室与 Artsana 集团、Laboratorio Pesaro 家具、Compagnucci 鞋、Bottega Conticelli 公司、Bussolari 家具、Diamantini & Domeniconi 时钟合作。其作品曾在多家杂志和设计论坛上发布，并在重要设计活动，如"米兰家具展"、"伦敦设计周 Tent of London"、"米兰三年中心"和"遇见设计展"上展出。自 2009 年起，他们开始在米兰欧洲设计学院任教。

史尼曼工作室（Studio Schneemann）

居住地：荷兰鹿特丹
网址：www.studioschneemann.com
电话：+0031615066653
邮箱：info@studioschneemann.com

史尼曼工作室由戴德里克·史尼曼于 2009 年创立，致力于概念产品、空间和环境设计。戴德里克一直坚信灵感源自好奇心，自由灵活的思想对于设计师来说是必要的。在恩斯科德艺术学院毕业之后，他曾到多个设计工作室工作。

WM 工作室（Studio WM.）

居住地：荷兰鹿特丹
网址：www.wendymaarten.com
电话：+31（0）108410829
邮箱：info@wendymaarten.com

VM 产品设计工作室位于荷兰，由温迪·莱格鲁和马尔坦·科利尼翁夫妇二人于 2010 年创办。他们非常热爱动植物，并喜欢将日常生活的点滴所见转换为他们的设计作品（概念设计、室内和公共空间设计）。

他们注重感官意识，因此作品能够展示周围的环境和细节。换言之，他们的作品将直觉和意识与材质和美感结合起来，从而形成自己的特色。

斯维特兰娜·尤尔申科（Svetlana Kozhenova）

居住地：捷克布拉格
网址：www.svetlanakozhenov.com
电话：+00420776044243
邮箱：svetlanakozhenov@gmail.com

斯维特兰娜·尤尔申科是一名 25 岁的建筑师和设计师，目前居住在布拉格。2011 年，她取得布拉格捷克理工大学建筑硕士学位。2009 至 2010 年间，她在瑞典隆德大学交流学习并深受环保设计理念的影响。从此，她开始运用回收材质，如计算机零部件、包装品和电线等设计产品。此外，她还从事材料研究和生产技术开发工作。其作品"NEO3"曾在 2011 布拉格设计展（Designblok'11，大型设计盛会）上展出。

坦娅·克拉克（Tanya Clarke）

居住地：美国加利福尼亚州
网址：www.liquidlightsite.com
邮箱：tanyacclarke@yahoo.com

坦娅·克拉克是著名政治和环境行动主义者托尼·克拉克的女儿，在加拿大渥太华长大。如今，她生活在加州海滨，乐于搜集不同的物品并将其组合在一起。"液体灯饰"就是她的生活环境和成长经历的完美展现。

"液体灯饰"的一部分收益投入到全球"水资源问题"的教育和解决事宜中。如今，在全世界的画廊和博物馆中可以看到"液体灯饰"系列作品。

汤姆·拉斐尔德设计工作室（Tom Raffield Design）

居住地：英国康沃尔郡
网址：www.tomraffield.com
电话：+44（0）7968 621955

汤姆·拉斐尔德因其设计的木质家具和灯饰而享誉世界，获奖作品和环保精神得到高度赞扬。他一直致力于打造创新的环保家具和灯饰，并将新奇样式和当地木材融合在一起。他曾在萨默萨特美术技术学院和费尔茅斯艺术学院学习，曾荣获

2006 "劳伦·皮耶尔设计天才奖"、2007 "康华商业人士奖"和 2011 "照明协会最佳吊灯设计奖"。

UXUS 设计公司

居住地：荷兰阿姆斯特丹
网址：www.uxusdesign.com
电话：+31 20 623 3114
邮箱：info@uxusdesign.com

UXUS 照明设计公司成立于 2003 年，是一家国际化的多领域设计机构，专注于设计方法研究。UXUS 是"You X Us"的简称，寓意客户与公司的合作，从而呈现品牌的最佳品质。公司业务涉及零售设计、建筑、服务行业设计、品牌标识、创意方案等。"Poetry"品牌系列在情感联系和商业作品之间取得了完美的平衡，与顾客的合作能够加深和拓宽对自己的认识。

威伯克·斯卡尔（Vibeke Skar）

居住地：挪威奥斯陆
网址：www.vibekeskar.com
电话：+47 410 40 710
邮箱：info@vibekeskar.com

威伯克·斯卡尔是一名自由职业设计师，拥有威伯克·斯卡尔工作室。她运用不同的产品和材质为基础去创作，从而打造出独特的作品。她乐于从挪威文化、自然和历史中获得灵感，并擅长讲述故事；她曾在奥斯陆、东京、斯德哥尔摩、巴黎和华盛顿哥伦比亚特区等地举办展览，开创了三个系列的产品，包括由 Northern Lighting 公司生产的"长青玻璃"灯饰、Corinor 公司生产的"北极系列"桌子和 Leitmotiv 公司生产的"故事"灯饰。

Vibia 设计工作室

居住地：西班牙巴塞罗那
网址：www.vibia.com
电话：+ 34 934796971
邮箱：directmarketing@grupo-t.com

Vibia 设计工作室位于巴塞罗那，一个设计文化和知识云集的地点，在那里他们可以发挥工业设计服务能力，并将其传授给其他人。Vibia 设计工作室成功运用当地文化打造了一个品牌，目前业务遍及 60 个国家并在新泽西设有子公司。
Vibia 工作室致力于创意与创新，开发了独特的生态系统，并将其推广。其工作宗旨是使人们熟识自己的生活、工作和曾经到过的空间，而这一宗旨则通过提供合适的灯饰、激发使用者和建筑室内设计专业人士的品味实现。

维克多·韦恩·维特瑞恩（Victor Wayne Vetterlein）

居住地：美国布鲁克林
网址：www.victorvetterlein.com
电话：+1 646 228 1616

维克多·韦恩·维特瑞恩出生在美国费城，在一个精通设计和工程的家庭中长大。他的祖父是一名机械工程师，叔叔是航海工程师，姑妈是现实主义画家。设计和工程技术是他们家庭生活的主要话题。
维克多获得科罗拉多州大学工程管理学理学学士和雕塑艺术文学学士学位之后，到华盛顿大学学习，并获得建筑硕士学位。随后，他搬到纽约并在查尔斯·格瓦德梅和希瑞·德斯邦德事务所学习。2007 年，他在纽约创立了维克多·维特瑞恩工作室，主要从事建筑和工业设计。

瓦拉迪默·尤索赛维（Vladimir Usoltsev）

居住地：俄罗斯莫斯科
网址：www.betamedium.com
电话：+7 916 671 27 00
邮箱：vlad@betamedium.com

瓦拉迪默·尤索赛维是一名工业设计师，曾在中央圣马丁艺术与设计学院学习，并在米兰工业设计学院完成硕士课程。毕业之后，瓦拉迪默回到莫斯科并开始在多家公司工作。在此期间，他创作了一系列作品，包括家具、灯饰、手表和品牌包装。他的作品曾在伦敦设计周上展览，并被多个设计论坛刊登。

WoodLabo 工作室

居住地：法国波尔多和芬兰图尔库
网址：mywoodlabo.com
邮箱：gael@mywoodlabo.com
电话：+06 14 80 02 06

WoodLabo 工作室由盖尔·维蒂耶于 2010 年在芬兰图尔库创立，这是其在欧洲多个手工工作室获得丰富经验的最终成果。思想从最初的诞生到成熟需要一定的耐心与思考。
工作室的家具作品融合了现代技术和传统知识，诠释出其独特的设计理念。每一件作品都能讲述自己的故事，使得造型、材质和色彩以一种全新的创意方式得以展现，从而集优雅、新奇和独特性于一身。WoodLabo 相信其作品会越来越受到人们的钟爱。

傅乔荻（Yu Jordy Fu）

居住地：英国伦敦
网址：www.jordyfu.com; www.jordyfu.co.uk/shop
电话：+66 850598978
邮箱：jordyfu@mac.com

傅乔荻从事艺术设计和建筑创作，6 岁时在北京首都博物馆举办首次个展，以优异成绩毕业于英国中央圣马丁艺术设计学院，并在英国皇家艺术学院取得建筑设计硕士学位。她曾在世界著名展览展出作品，是伦敦南岸中心（世界著名综合艺术中心）和伦敦设计博物馆的委托艺术家和摄影师。其艺术作品曾在两本书中出版，设计作品曾在 6 本书和 60 多个杂志上刊登。

图书在版编目（CIP）数据

生态风尚·灯具设计／度本图书编译．—北京：中国建筑工业出版社，2013.8
ISBN 978-7-112-15598-9

Ⅰ．①生…　Ⅱ．①度…　Ⅲ．①灯具－设计　Ⅳ．① TS956

中国版本图书馆CIP数据核字（2013）第160091号

责任编辑：唐　旭　李成成
责任校对：肖　剑　刘　钰

生态风尚·灯具设计
Eco. Style in Lighting Design

度本图书（Dopress Books）　编译

*

中国建筑工业出版社出版、发行（北京西郊百万庄）
各地新华书店、建筑书店经销
北京嘉泰利德公司制版
北京缤索印刷有限公司印刷

*

开本：889×1194毫米　1/20　印张：8　字数：300千字
2013年9月第一版　2019年2月第三次印刷
定价：**68.00**元
ISBN 978-7-112-15598-9
　　　　（24221）